Arnold / Reibetanz

Alles für das Schaf

Arnold / Reibetanz

Alles für das Schaf

pala verlag

Inhalt

Von den Tieren lernen

Als ich neulich in unserem Bücherschrank stöberte, stieß ich in einer Novelle von Ludwig Tieck aus dem Jahre 1825 auf eine bemerkenswerte Textstelle, die ich diesem Buch gerne voranstellen möchte, denn sie zeigt, dass die artgerechte Tierhaltung kein neuer Gedanke ist, sondern ein Prinzip, dass schon vor Jahrhunderten praktiziert wurde und zu einigem Erfolg geführt hat.

In dieser Novelle sagt der Gutsverwalter Binder bei einem nachmittäglichen Gedankenaustausch:

> *»Man erzeigt mir die Ehre, meine Schafzucht für die beste in der Provinz zu halten, da kommen denn die Leute und wollen sich bei mir Rats erholen ... Andere lachen über meine Anstalten, verwundern sich aber doch, dass alles so gedeiht ... Woher ich nun alles habe, was ich bei meiner Schäferei und mit so gutem Erfolg anwende? Denken? Beobachten? Erfahrungen anderer nutzen? O ja, das ist auch alles ganz gut und nicht zu verachten – aber die Hauptsache ist doch, dass ich zuzeiten in meinen Schafstall gehe, nun drängt und wälzt alles das Wollenvieh zu mir heran. »Schäfer«, sag ich, »lasst mich ein Weilchen allein.« Nun mach ich die Augen zu, taste mit beiden Händen um mich her, fasse bald den Kopf, bald den Rücken dieses und jenes Hammels, versenke mich ganz in das Gefühl und die Anschauung, werde, mit einem Wort, ganz und gar völlig zum Schaf. In diesem Schaftum, in diesem wachen Schlummerzustande kommen mir denn die allerbesten Erfindungen und Verbesserungen, und in diesen Stunden der Weihe empfange ich durch Instinkt oder Inspiration alles, was ich abändern, was ich anwenden muss. Wem kann ich diese Gabe wohl mitteilen, der nicht schon selbst auf guten Wegen geht?«*
>
> *(Zitiert aus: »Die Gesellschaft auf dem Lande«, Ludwig Tieck, Werke, Hoffmann und Campe, Hamburg, 1967, Seiten 778 und 779)*

Damals sprach man noch nicht von der artgerechten Tierhaltung, aber dem Text ist die Richtung zu entnehmen, die wir mit unserem Buch verfolgen. Wir sollten bereit sein, uns in die anvertrauten Tiere hineinzuversetzen, damit wir ihr Wesen erfassen und durch unsere Beobachtungen von ihnen lernen, was für sie gut und wichtig ist. Tier und Mensch auf gleicher Augenhöhe, mit Respekt behandelt, das führt zu einer gesunden Partnerschaft, in der Tier und Halter miteinander glücklich werden.

Schafe – die idealen Nutztiere

Wer sich ein Nutztier halten will, wird ziemlich bald das Schaf näher ins Auge fassen; und das zu Recht. Denn kein anderes Tier beschert uns solch eine Palette an hochwertigen Produkten, pflegt dabei gleichzeitig unsere Grünflächen, bringt uns Freude und erfordert einen vergleichsweise geringen Arbeitsaufwand. Ob Wolle, Felle, Fleisch oder Milch – allen Erzeugnissen wird unbestritten eine Heilwirkung zugesprochen; Fleisch und Milch finden deswegen sogar im Diätplan einiger Krankenhäuser Verwendung. Voraussetzung ist natürlich, dass diese Produkte schonend behandelt wurden. Wie, das zeigen wir in diesem Buch.

Aber auch der Mist von Schafen ist ein hochwertiges Erzeugnis, jeder biologisch wirtschaftende Gärtner weiß ihn zu schätzen und zieht ihn wegen seiner günstigen Zusammensetzung gerne anderen Mistarten vor.

Schafe sind zudem Landschaftspfleger. Sie schaden den Grünflächen nicht, sondern wirken auch auf diese wohltuend. Man spricht nicht umsonst vom »goldenen Tritt« der Schafhufe: Er festigt den Boden, ohne ihn zu verdichten oder die Grasnarbe zu zerstören. Letztere profitiert ebenfalls vom Biss der Schafe: Die Gräser werden so abgefressen, dass sie weder zu kurz noch zu lang stehen bleiben. Die Grasnarbe wird durch die Schafe also verjüngt und gekräftigt. Das kommt besonders erosionsgefährdeten Böden zugute. Auf all diese Eigenschaften wird noch ausführlich eingegangen.

Zu guter Letzt ist die Haltung von Schafen relativ einfach, denn es sind die Haustiere, welche seit Jahrtausenden am naturnahesten gehalten werden. Deshalb konnten sie ihre ursprünglichen Instinkte und Verhaltensweisen noch weitgehend bewahren. Das erleichtert uns die Arbeit mit den Tieren. In einem artgerechten Umfeld werden viele Schwierigkeiten vermieden – die Schafe können noch selber entscheiden, was für sie gut ist und was nicht.

Die artgerechte Haltungsform verdient aber auch aus einem anderen Grund Beachtung. Wir stehen bei der Schafhaltung an einem Scheideweg: Die industrielle Landwirtschaft macht auch vor den Schafen nicht halt. Automatisierte Großställe mit mehr als tausend Tieren bedeuten ganzjährige Stallhaltung, eingeschränkte Bewegungsmöglichkeiten, schlechte Luft und Verkümmerung der lobenswerten Instinkte. Ein trauriges Schicksal wartet auf die Schafe. Von dieser Tendenz sind bereits viele Schafbücher und Artikel zum Thema geprägt: Sie orientieren sich allein an dem Nutzen, der aus der Schafhaltung entspringt, an der Optimierung dieses Nutzens, an dem größtmöglichen Profit. Die dort vorgestellten Haltungsformen folgen diesem Nutzdenken, die Bedürfnisse der Tiere verlieren ihre Bedeutung.

Diesem Missstand soll hier abgeholfen werden. Im Mittelpunkt dieses Buches steht die artgerechte Haltung und damit geht es nicht nur auf die Bedürfnisse der Schafe ein, sondern auch auf eine zahlenmäßig sehr große Schar von Schafhaltern. Die meisten von ihnen gehören nämlich zu den so genannten Einzelschafhaltern, sie besitzen nur wenige Tiere, betreiben das Ganze also als Nebenerwerb oder als Hobby. Landmaschinen stehen nicht unbedingt zur Verfügung, aber der Arbeitsaufwand soll trotzdem möglichst gering sein. Der Nutzen spielt eine Rolle, aber die Freude an den Tieren gehört ebenso dazu. Damit ist die Voraussetzung zur artgerechten Haltung gegeben und tatsächlich ist sie die dankbarste Haltungsform. Nicht nur für den Menschen, auch für das Tier. Wer seine Schafe naturnah hält, hat die besten Aussichten auf eine gesunde, kräftige Herde.

Nachdem unser Buch über artgerechte Ziegenhaltung allgemein auf positive Resonanz gestoßen ist, ermunterte uns der Verlag, über Schafe zu schreiben. Das Thema lag nahe, denn als wir vor vielen Jahren mit unserer kleinen Landwirtschaft begannen, gehörten Schafe neben Ziegen mit zu unseren ersten Tieren. Beide Arten waren uns gleichermaßen sympathisch und sie sind es bis heute geblieben.

Schafe sind jedem zu empfehlen, der Grünflächen zur Verfügung hat und diese beweiden lassen will. Es sind liebenswerte Tiere, und es lässt sich zu ihnen ein angenehmes Verhältnis aufbauen, das auch auf Dauer Bestand haben kann. Auch deswegen haben wir dieses Buch geschrieben, damit es dabei bleibt. Wir hoffen, dass es Halter und Schafen gleichermaßen nützlich ist.

Das Wesen des Schafes

Eine Grundvoraussetzung zur artgerechten Haltung eines Tieres ist die Bereitschaft, sich mit dem Wesen des jeweiligen Tieres auseinanderzusetzen. Man muss die typischen Wesensmerkmale kennen lernen, muss sie verstehen und letztlich akzeptieren können. Die ersten beiden Schritte des Kennenlernens und Verstehens sind nicht weiter schwierig, sie ergeben sich aus der genauen Beobachtung der Tiere. Ja, es macht sogar Spaß, wie im Laufe der Zeit aus vielen kleinen Beobachtungen allmählich ein Bild entsteht, welches uns bestimmte Eigenarten der Tiere erklärt, die uns zuvor noch unklar waren. Im Grunde genommen ist es Verhaltensforschung, was wir hier betreiben und betreiben sollten, denn aus dem Verhalten lässt sich am meisten über das Wesen und die Bedürfnisse eines Tieres lernen.

Etwas schwerer tun wir Menschen uns oft damit, das Wesen und die Bedürfnisse eines Tieres so zu akzeptieren, wie sie sind. Das haben wir immer wieder beobachtet. Die Versuchung ist groß, die Tiere allein nach unseren Vorstellungen zu halten. Dabei treten praktische Erwägungen in den Mittelpunkt oder im Extremfall die Gier nach dem größten Nutzen. Bis zu einer bestimmten Grenze lässt das Tier sich zwingen, doch es reagiert darauf mit Unzufriedenheit. Gesunde und kräftige Tiere kann man nur erwarten, wenn man auf ihre Bedürfnisse eingeht und diese berücksichtigt. Im Idealfall steht das Tier mit seinen Bedürfnissen sogar im Mittelpunkt der Überlegungen zu der gewünschten Haltungsart.

An dieser Stelle muss eine wichtige Einschränkung erfolgen. Es wäre ein Fehler, allgemein von den Bedürfnissen zu reden. Es gibt nämlich auf der einen Seite die natürlichen Bedürfnisse und auf der anderen Seite die anerzogenen, aufgezwungenen Bedürfnisse, die so genannten Scheinbedürfnisse. Für Letztere kennt jeder das klassische Beispiel: Ein Tier (das gilt übrigens auch für den Menschen) bekommt regelmäßig einen Leckerbissen; nun dauert es nicht lange und das Tier verlangt danach. Aus der Art, wie es danach fordert, lesen wir ein Bedürfnis ab. Ganz anders verhält sich dagegen ein Tier der gleichen Rasse, das noch nie solch einen Leckerbissen bekam. Es ist daran höchstwahrscheinlich gar nicht interessiert.

Wir müssen lernen, zwischen natürlichen Bedürfnissen und Scheinbedürfnissen zu unterscheiden. Für unsere Beobachtungen zur artgerechten Haltung sind nur die Ersteren entscheidend. Die natürlichen Bedürfnisse kann man als Wegweiser einer artgerechten Haltungsform bezeichnen. Als verantwortliche Menschen tragen wir die Sorge dafür, dass ein anvertrautes Tier seine natürlichen Bedürfnisse ausleben kann, wir müssen dem Tier also ein entsprechendes Umfeld schaffen. Damit uns dies zu einem hohen Grade gelingt, nehmen wir uns immer wieder Zeit für Beobachtungen, studieren die Verhaltensweisen und werten diese aus. Nebenbei gesagt, ist diese »Mehrarbeit« auch für den Halter sehr angenehm. Beim Beobachten kommt man dem Wesen des Tieres sehr nahe und das wirkt zutiefst entspannend. Doch genug mit diesem theoretischen Vorspann, wenden wir uns der Praxis zu.

In diesem und den nächsten Abschnitten wollen wir versuchen, das Wesen des Schafes etwas näher kennen zu lernen. Allgemein lässt sich vorwegschicken, dass Schafe bei nahezu jedem Menschen Assoziationen wie Ruhe, Sanftmut und Behaglichkeit auslösen. Das Bild vom Schäfer mit seiner Herde ist eine Idylle, die Sehnsucht hervorruft, Sehnsucht nach Frieden und Harmonie untereinander oder nach einem Leben in Einklang mit der Natur. Der Hintergrund für diese Assoziationen ist die eingangs erwähnte Tatsache, dass Schafe die Haustiere sind, die seit Jahrtausenden am natürlichsten gehalten werden und deshalb ihre ursprünglichen Instinkte und Verhaltensweisen noch weitgehend bewahren konnten.

Der Lebensraum

Schafe sind ausgesprochene Weidetiere. Ihre Urahnen lebten ehemals in Steppengebieten und kargen Landschaften. Doch von den stammesgeschichtlich frühen Wildschafen bis zu den heutigen Schafrassen war es ein langer züchterischer Weg. Weltweit lassen sich heute etwa 300 verschiedene Schafrassen zählen und entsprechend breit ist das Spektrum ihrer Ansprüche und Bedürfnisse. Innerhalb einer Rasse variieren diese zwar weniger, doch der Unterschied von einer Rasse zur anderen kann beträchtlich sein. Manche benötigen saftige Wiesen und lieben Gräser und Pflanzen in noch niedriger Wuchshöhe. Nur wenige Rassen sind dagegen auch mit magerem Bewuchs zufrieden oder begnügen sich mit ausgeblühten, bereits harten Gräsern. Aber eins haben alle Schafarten gemeinsam und damit sind sie anderen Haustieren überlegen: Solange Gras zur Verfügung steht, können und wollen sie ausschließlich im Freien gehalten werden. Ein Zufüttern ist nur selten nötig.

So gehaltene Schafe sind äußerst robust. Regen und Kälte schaden ihnen wenig, ihre Wolle ist der beste Schutz. Selbst bei Minusgraden und Schneedecke bekommt ihnen Bewegung im Freien besser als dauernder Stallaufenthalt. Die Geburten im Frühjahr verlaufen leichter, die Tiere bleiben gesund und die Wolle behält ihre vorzüglichen Eigenschaften.

Viele Schafhalter können bestätigen, dass sich ein nach herkömmlichen Vorstellungen schön abgedichteter Stall auf Schafe ungünstig auswirkt. Soweit es sich vergleichen lässt, ist eine Überwinterung in einem eher luftigen Unterstand mit Bewegungsmöglichkeiten im Freien weitaus besser.

Es ist das Wollvlies mit seinen einmaligen Eigenschaften, das die Schafe so unabhängig macht von den Tücken des Wetters. Neben dem Schutz vor grimmiger Kälte wirkt es auch regulierend bei großer Hitze. Messungen in Australien haben ergeben, dass die Außentemperatur nicht tiefer als 1,5 cm in das Vlies eindringt. Und Regen wird durch die Struktur des Wollvlieses nach außen hin abgeleitet, sodass ein Schaf mit gesundem Vlies selbst bei einem Platzregen nicht bis auf die Haut durchnässt wird.

Dank des Wollvlieses können Schafe fast überall auf der Erde leben. Trotzdem haben sich so viele verschiedene Rassen entwickelt. Die Erklärung dafür ist einfach: Gemäß den bestimmten Bedingungen eines Landes oder einer Gegend haben sich die Schafe diesen Bedingungen über Generationen hindurch allmählich angepasst, sie sind zu »Spezialisten« ihrer Region geworden. Beispielsweise kommen Schafe mit einem grobwolligen Vlies in einer regenreichen Gegend wesentlich besser zurecht als eine Rasse mit feiner Wolle. Der Regen wird gut abgeleitet, das Vlies trocknet schneller, die Gefahr einer Erkältung ist somit gemindert. Oder nehmen wir ausgesprochene Bergschafe, sie können klettern und springen wie Ziegen oder Gämsen. In diesem Territorium wirken typische Flachlandschafe dagegen ziemlich hilflos.

Es gibt für nahezu jeden Lebensraum bestimmte Schafrassen, die dort vortrefflich zurechtkommen. Diesen Rassen ist jeweils stets der Vorzug zu geben gegenüber den Rassen, die unter den vorhandenen Klima-, Futter- oder Geländebedingungen vermutlich leiden würden. Dies gilt übrigens nicht nur global, sondern fängt bereits in kleineren Maßstäben an: Von Nord nach Süd herrschen allein schon in Deutschland so verschiedene Bedingungen, dass wir auf unterschiedliche Schafrassen mit jeweils anderen Bedürfnissen und Eigenschaften stoßen. Dies will besonders bei der Wahl der richtigen Schafrasse berücksichtigt werden.

Die ökologische Bedeutung der Schafe

Schafe sind sehr dankbare Weidetiere. Sie können nahezu jede Grünfläche ausnutzen und noch dort gehalten werden, wo andere Haustiere nicht mehr genug Futter finden. Dabei übernehmen sie eine wichtige, unübertroffene Funktion für die Landschaftspflege. Schafe beißen die Gräser kürzer als Rinder, jedoch nicht so kurz wie Pferde. Das wirkt sich positiv auf die Entwicklung der Vegetation aus, kräftigt die Gräser und macht sie widerstandsfähiger. Hinzu kommt der Tritt der kleinen Hufe, er festigt den Boden und die Grasnarbe auf angenehme Weise. Schafe sind die besten Rasenmäher für unsere Hauswiesen und Weiden, wir finden keine umweltfreundlichere Alternative.

In der Landschaftspflege werden Schafherden sogar bewusst eingesetzt, zumindest überall dort, wo eine maschinelle Pflege nicht durchführbar ist. In Gebirgsgegenden kann auf sie nicht verzichtet werden, weil sonst große Flächen der Erosion preisgegeben würden, und zur Deichpflege benötigt man sie ebenso. Deshalb geben die Verantwortlichen, die umsichtig handeln wollen, gerne die Erlaubnis zum Beweiden solcher Flächen oder bemühen sich sogar mit Förderprogrammen darum, dass ein Schäfer sie mit seinen Tieren besucht.

Ich erinnere mich gerade daran, wie ich einmal beim Nachmittagstee in einem Haus direkt hinter dem Elbdeich saß, auf dem das Gras schon so hoch stand, dass er alt und zerzaust aussah. Plötzlich tauchten vor dem Fenster Schafe auf, es wurden immer mehr, die nächste Viertelstunde sah ich nur noch Schafe vorbeiziehen. Alle mit gesenktem Kopf und langsamem Schritt. Als sie vorbei waren, wirkte der Deich mit einem Male jugendlich frisch, fast frühlingshaft. Es war beeindruckend. Keine Maschine hätte so einen schönen Schnitt hinterlassen und die Oberfläche gleichzeitig festklopfen können.

Aber auch in anderen Bereichen wird die Anwesenheit von Schafen als eine Wohltat angesehen. Von Heideimkern hört man beispielsweise immer wieder, dass sie die besten Ernten dort erzielen, wo Schafe das Heidekraut

hin und wieder kurzgefressen haben. Die Pflanzen treiben danach kräftig aus, verholzen nicht und sind überaus blühfreudig. Zusätzlich zerstören die Schafe beim Durchwandern der Heide den unverhältnismäßig dichten Teppich von Spinnweben und übernehmen auch damit eine ökologisch wichtige Funktion. Unzählige Spinnentiere weben die Heidepflanzen nämlich derart ein, dass Bienen und andere Insekten kaum noch zu den Blüten Zugang finden, obwohl er für viele lebensnotwendig ist, weil die späte Heideblüte mitunter die letzte üppige Nahrungsquelle vor dem Winter darstellt. Die Zahl der Spinnentiere wird durch die Schafe nicht reduziert, die Heideblüten aber für andere Lebewesen aufgeschlossen. Die Heide ist übrigens entgegen allgemeiner Vorstellungen eine ehemalige Kulturlandschaft und darin ist wohl die Erklärung für das Übermaß an den Spinnentieren zu suchen.

In älteren Büchern findet man häufig die Empfehlung, dass Schafe mit Erfolg zur Unkrautbekämpfung in Kartoffel- und Bohnenbeständen eingesetzt werden können. Damit sind in erster Linie Felder gemeint, in Hausgärten wäre der Schaden durch Zertreten der angebauten Pflanzen zu groß. Die Schafe fressen unerwünschte Kräuter wie Quecke, Melde oder Franzosenkraut, verschmähen aber das Kraut der Kartoffeln oder Bohnen. Eine interessante Möglichkeit zur Unkrautbekämpfung.

Häufiger sieht man dagegen, wie Schafe abgeerntete Felder beweiden. Auch hier geht es darum, hochkommende Pflanzen zu schwächen, die auf dem Feld unerwünscht sind. Nebenbei werden Feld- und Wühlmausgänge zugetreten sowie viele Larven und Eigelege verschiedener Feldschädlingsarten vernichtet. Schafe lassen sich also zur biologischen Unkraut- und Schädlingsbekämpfung einsetzen, düngen gleichzeitig den Boden und finden dabei selber Nahrung.

Um den Lobgesang auf die Schafe zu vervollständigen, will ich noch eine Beobachtung aus unserer neuen Heimat Irland hinzufügen. In der Gegend, in der wir leben, werden Schafe und leider auch große, schwere Rinder gehalten. Die Humusschicht der Wiesen ist relativ dünn, darunter liegt ziemlich bald eine Tonschicht. Mitunter regnet es sehr stark. Bei jedem Tritt versacken die Rinder tief in den Boden. Die Grasnarbe ist schnell zerstört und Tonteile werden unter den Humus gemischt. Es dauert nicht lange und die Rinderwiese ist zu einer Schlammwüste geworden, wovon sie sich kaum wieder erholen kann.

Ganz anders sehen dagegen benachbarte Wiesen mit gleichen Bedingungen aus, auf denen ausschließlich Schafe gehalten werden. Die Grasnarbe ist dicht und fest, die Wiese trocknet schnell wieder ab, von Schlamm keine Spur. Schafe und Wiesen erfreuen sich bester Gesundheit. Trotzdem halten immer mehr Bauern diese großen Rinder, dem Sog der europäischen Gemeinschaft gehorchend. Zu spät bemerken sie, welchen Schaden sie den Wiesen damit zufügen. Glücklich dagegen die Bauern, die weiterhin bei ihren Schafen geblieben sind.

Die ökologische Bedeutung von Schafen kann gar nicht genug gewürdigt werden. Sie ist ein Segen, den die Schafhaltung mit sich bringt, egal ob sie im großen oder im kleinen Maßstab betrieben wird. Kein anderes Tier und schon gar keine Maschine kann so viel Gutes für die Wiesen tun.

Das Verhalten untereinander

Schafe gelten als typische Herdentiere. An sich sind sie wehrlos, nur die Gemeinschaft bietet ihnen Schutz vor natürlichen Feinden.

Die ursprünglichen Wildformen unserer heutigen Hausschafe, zu denen auch das bekannte *Mufflon* gehört, lebten und leben in kleinen Herden von zehn bis dreißig Tieren zusammen. Sie grasen einzeln im Gelände verteilt, behalten dabei aber soweit den Kontakt zueinander, dass sie sich zur Nachtruhe oder zum Wiederkäuen zusammenfinden oder bei Gefahr jederzeit eilig zusammenlaufen können. Bei ungewohnten Geräuschen oder fremden Gerüchen unterbricht das Schaf, das sie wahrnimmt, sofort seine Fresstätigkeit, richtet sich auf und versucht, die Gefahr einzuschätzen.

Schleicht tatsächlich ein artfremdes Tier (oder auch ein Mensch) heran, so klopft das Schaf mit beiden Vorderbeinen zugleich mehrfach auf den Boden. Das fremde Tier läuft daraufhin davon oder verharrt zunächst vorsichtig. Gleichzeitig sind die anderen Schafe durch das Klopfen gewarnt. Nähert sich das fremde Tier weiterhin, so geschieht das meist in böser Absicht: Die Schafe flüchten eilig ins Zentrum der Fläche, auf der sie vorher verteilt waren. Sie stehen nun dicht beieinander und bilden damit eine neue, größere Einheit, an die sich viele Feinde nun nicht mehr heranwagen. Ist eine weitere Flucht nötig, so geschieht diese jetzt gemeinsam. Dabei vollziehen die Schafe lange Sprünge und setzen mitunter alle vier Beine gleichzeitig auf, was auf den Gegner erneut einschüchternd wirkt. Bald bleiben sie wieder stehen und schätzen die Gefahr von neuem ein. Bei dieser etappenartigen Flucht können auch Lämmer und schwache Tiere mithalten, sie finden in der Herde sogar einen besonderen Schutz.

Ich würde gerne über dieses erstaunliche Verhalten zu philosophieren beginnen, will es aber bei folgender Tatsache beruhen lassen: Das Schaf hat zwei Identitäten, das Individuum und die Herde, die sich auch den Schwachen gegenüber solidarisch verhält. Die gegenseitige Hilfe finden wir als Grundprinzip bei allen Tierrassen, am deutlichsten wird sie bei

den Arten, die in Gemeinschaft leben. Nur sie hat die Entwicklung der Arten vorangebracht und ihre Existenz gesichert. Wir Menschen sollten uns darauf einmal besinnen, denn viel zu lang hat man uns die Konkurrenz untereinander und den Sieg des Stärkeren als biologische Urkraft eingeredet. Das Resultat kennen wir alle.

Doch zurück zu den Schafen und ihrer »Gesellschaftsordnung«. Ein direktes Konkurrenzverhalten werden wir bei ihnen kaum feststellen können. In freier Wildbahn führen erfahrene Tiere die Herde zu den bewährten Weideplätzen. Ähnliches können wir auch bei unseren Tieren beobachten: Ein Leitschaf geht auf dem Weg zur bekannten Wiese voran, es ist auch das Erste am Futtertrog. Auf der Wiese weidet jedes Schaf für sich und macht den anderen nichts streitig. Am Futtertrog wird es nur Gerangel und Futterneid geben, wenn nicht genügend Platz für alle vorhanden ist. Ausgesprochene Egoisten lassen sich bei den Schafen kaum finden.

Dennoch gibt es eine Rangordnung der Tiere untereinander, die sie strikt einhalten. Manche kleinen Kämpfe werden ausgetragen, um eine andere Stellung in dieser Rangordnung einzunehmen. Bei weiblichen Tieren werden uns diese Kämpfe kaum auffallen; ebenfalls sind die Rangordnungsunterschiede bei ihnen so gering, dass sie fast gleichberechtigt erscheinen. Mitunter lässt sich sogar nicht einmal eindeutig feststellen, welches Tier das Leitschaf ist.

Anders dagegen sieht das Verhalten der Böcke untereinander aus. Besonders zur Brunstzeit legen sie ihre Rangordnung neu fest. Sie kämpfen hart um ihre Stellung und achten streng auf die Einhaltung ihrer Ordnung. Doch nur für größere Herden sind mehrere Böcke nötig. Sie verteilen sich in der Regel so in der Herde, dass jeder sein eigenes »Revier« hat. Außerhalb der Deckzeit, also fast das ganze Jahr über, können auch Böcke harmonisch miteinander leben und gehalten werden.

Für unsere kleine Schafhaltung werden mehrere erwachsene Böcke jedoch nicht zur Diskussion stehen, sie wären bei weitem nicht ausgelastet. Es bleibt sogar zu überlegen, ob überhaupt ein eigener Bock gehalten werden soll, doch dazu kommen wir später. Interessant für die Haltung weniger Schafe ist in diesem Kapitel, das Verhalten eines einzelnen Bockes den Schafen gegenüber zu betrachten.

Ein Bock kann fast das ganze Jahr über mit seinen Schafen mitlaufen, wenn er einen durchschnittlichen Charakter zeigt und keine besonderen Bösartigkeiten entwickelt hat. Solch ein Bock ist zwar der Chef der kleinen Herde, aber obwohl er etwas ruppiger im Umgang ist, wird er seine Frauen kaum belästigen. Dafür wacht er intensiver als die weiblichen Tiere und verteidigt seine Herde, wenn es ihm nötig erscheint. So muss man stets ein Auge auf ihn werfen, wenn Pflegearbeiten bei einzelnen Schafen durchgeführt werden sollen, wie Hufeschneiden, Scheren oder bestimmte Untersuchungen. Da kann ein sonst zutraulicher Bock uns schnell als Feind ansehen und bei entsprechendem Handeln enorme Kräfte entwickeln.

Die Schafe sind sein »Ein und Alles«, er gibt sie nur gegen seinen Willen her. Eine dauernde Extrahaltung des Bockes ist deshalb nicht vertretbar, denn sie wird seinem Wesen nicht gerecht. Zum Glück ist sie praktisch auch kaum durchführbar, denn es gibt fast kein Hindernis, das ihn davon abhalten könnte, zu seiner Herde zu gelangen.

Manchmal wird es trotzdem nötig, den Bock von der Herde abzusperren. Günstig ist dies beispielsweise während der Stallhaltung im Winter in der Zeit der Geburten der Lämmer. So kann das vermehrte Ruhebedürfnis der Mutterschafe während der letzten Trächtigkeitsphase gewährt bleiben und die Mutter-Lamm-Beziehung baut sich anschließend ungestört auf. Die Absperrung erfolgt problemlos, wenn der Bock in unmittelbarer Nachbarschaft zu seiner Herde bleiben kann und den Sichtkontakt zu ihr behält. So wirken alle zufrieden. Steht er dagegen isoliert, wird er randalieren.

In diesem Zusammenhang will ich von einem Vorfall berichten, den wir vermieden hätten, wenn wir das Bockverhalten besser berücksichtigt hätten. Der Bock war für drei Monate von seinen Schafen getrennt, er stand ihnen nahe und hatte den erwähnten Blickkontakt. Die Lämmer waren inzwischen geboren, alles verlief harmonisch. Nun stand der erste Weidegang bevor, die Lämmer waren kräftig genug und die Wiese wurde langsam grün. Zunächst ließen wir die Muttertiere mit ihren Lämmern heraus. Doch noch bevor wir die Tür zum Bockstall öffnen konnten – sie lag auf der anderen Seite des Gebäudes –, hatte er sie bereits mit einem kräftigen Anlauf eingerannt und zertrümmert. Er wusste also drei Monate lang, wo es rausgeht, es hat ihn aber nicht interessiert. Die Nähe zu seiner Herde war ihm wichtiger. Wir öffnen seitdem die Türen stets gleichzeitig.

Das Zusammenführen von Bock und Herde geschieht am besten auf der Weide und nicht im Stall. Nach einer Trennung begrüßt er die Schafe nämlich ausgiebig und ist für einige Stunden völlig »aus dem Häuschen«. Dabei läuft er von einem Tier zum anderen und biedert sich auf seine drollige Art an. Im Stall ist dafür zu wenig Platz vorhanden, es würde zu einem großen Chaos führen.

In einem geeigneten Stall kann ein Bock also im Winter extra gehalten werden. Wie lösen wir das Problem nun während der Weidesaison? Mitunter wird eine Extrahaltung gewünscht, wenn die Schafe nicht zu früh gedeckt werden sollen oder wenn eine Ängstlichkeit gegenüber dem Bock besteht und die Schafe täglich versorgt werden müssen. In diesen und ähnlichen Fällen bietet es sich an, den Bock mit den von ihren Müttern abgesetzten Bocklämmern auf einer eigenen Wiese laufen zu lassen. Im Idealfall liegt diese Wiese von den Mutterschafen so weit entfernt, dass sie sich gegenseitig nicht wahrnehmen können. Mehrere Böcke vertragen sich meist recht gut miteinander, wenn sie ihre Rangordnung festgelegt haben und keine weiblichen Tiere dabei sind, um die sie sich streiten könnten. Es ist sogar lustig, zu beobachten, wie fürsorglich sich der Vater um seine Jungen kümmert, wie er mit ihnen spielt und nahezu alles erduldet, bis sie erwachsener werden und von ihm allmählich in die Schranken der Rangordnung gewiesen werden. Doch dies geschieht normalerweise erst im späten Herbst, wenn die Bocklämmer geschlechtsreif werden, und zu dieser Zeit wird der Bock wieder bei der weiblichen Herde benötigt. Den Sommer kann er glücklich und zufrieden mit den Lämmern als Ersatzherde verbringen. Nur alleine kann er nicht gehalten werden.

Allgemein lässt sich sagen, dass Schafe ein harmonisches und friedliches Zusammenleben führen. Es sind gesellige Tiere und in der Gemeinschaft fühlen sie sich wohl.

Häufig wird die Frage gestellt, ob ein weibliches Schaf alleine gehalten werden kann. Es gibt Schafrassen, bei denen der enge Herdenzusammenhang nicht so stark entwickelt ist. Sie sind für die großflächige Haltung auf Deichen und Koppeln gezüchtet worden. Diese Schafe laufen vereinzelter, sie erscheinen mehr wie Individualisten. Dennoch ist auch bei ihnen das bereits beschriebene Fluchtverhalten als Urinstinkt vorhanden, sie haben ihre Herdenidentität also nicht verloren. Tatsächlich wird man feststellen müssen, dass ein einzeln gehaltenes Schaf zunächst lange Zeit blöken wird. Es wirkt depressiv und unzufrieden, ja mitunter wird es sich nie an diesen Zustand gewöhnen können. Die wirkliche Einzelhaltung von Schafen ist nicht artgerecht und deshalb nicht zu empfehlen.

Auch ein Milchschaf ist allein gehalten unzufrieden und zeigt keine normalen Verhaltensweisen. In manchen Büchern steht zwar das Gegenteil, dort wird es als zur Einzelhaltung geeignet beschrieben und manch einer weiß vielleicht gute Erfahrungen dazu zu berichten. Doch unsere eigenen Beobachtungen zeigen immer wieder: Es gelingt nur in den seltensten Fällen, ein Schaf an diesen Zustand zu gewöhnen. Ein Schaf ist ohne Gesellschaft kein Schaf mehr, seine Herdenidentität lässt sich nicht leugnen und kann ihm nicht genommen werden. Auch einem Milchschaf nicht. Deswegen ist bereits jeder Versuch zu einer Einzelhaltung abzulehnen, denn er ist für das Tier unzumutbar.

Ganz anders sieht es dagegen aus, wenn ein zweites Schaf dabei ist. Diese Konstellation ist durchaus möglich, solange die Tiere nicht aus einer wirklich großen Herde stammen und eine entsprechende Sozialisation durchgemacht haben. Zwei Schafe kann man als Mindestanzahl ansehen, mit der man eine Schafhaltung beginnen kann. Aber die Tiere fühlen sich wohler, wenn sie eine größere Gesellschaft haben.

Mit Einschränkungen ist es auch möglich, ein einzelnes Schaf gemeinsam mit einem anderen Tier zu halten. In Frage kommen Pferd, Pony, Esel, Ziege oder Kuh. Es gibt einige Beispiele dafür, wie sich zwischen einem Schaf und einem anderen Tier eine tiefe Freundschaft entwickelt hat, in der beide Tiere zufrieden wirkten. Das Verhältnis ist eng und innig, beide benutzen den gleichen Stall und das Schaf lässt den Freund kaum aus den Augen. Doch es gehört viel Glück und Feinfühligkeit dazu, ein Schaf so weit zu bringen, dass es solch eine Freundschaft eingeht. Wo man so etwas sieht, da ist das Schaf meist das letzte Überlebende eines ehemals mehrköpfigen Bestandes, es kannte den neuen Freund schon, als es noch mit seinen Artgenossen zusammenlebte. Abzuraten ist jedoch davon, eine Schafhaltung mit solch einer Zusammensetzung beginnen zu wollen. Selbst bei einem Lamm, das eigentlich noch anpassungsfähig ist, gehört einige Erfahrung dazu, damit das Vorhaben erfolgreich wird. Gewarnt sei also vor der leichtfertigen Einstellung »ach, probieren wir es einmal«, denn auf Experimente mit dem Grundverhalten eines Tieres sollte sich niemand einlassen.

Schafe brauchen also Gesellschaft, um im Rahmen ihrer natürlichen Verhaltensweisen leben zu können. In kleineren Beständen kann man sehr gut die Beziehungen der einzelnen Schafe untereinander beobachten. Sie sind durchaus nicht alle gleich intensiv. Kennen sich die Tiere von klein auf, so sind die besten Voraussetzungen für eine lange Freundschaft gegeben, bei Schwestern beispielsweise währt sie ewig, solange die Tiere nicht für eine längere Zeit getrennt werden. Zugekaufte Tiere kommen aus einer anderen Herde und sie zeigen deswegen noch lange einen engen Zusammenhalt gegenüber den übrigen Tieren. Meist sind es gleichaltrige Gruppierungen, in denen sich ein besonders freundschaftliches Verhältnis ausmachen lässt. Dieser Umstand lässt sich wunderbar ausnutzen, wenn die Herde einmal getrennt werden soll, weil die Wiesen- oder Stallgröße es erfordert. Bleiben befreundete Tiere zusammen, ersparen wir uns und ihnen nervenzermürbendes Blöken und Unruhe. Ein Schaf ist halt nicht wie das andere und deshalb nicht beliebig austauschbar.

Eine lustige Beobachtung lässt sich jedes Jahr beim Scheren machen. Das gerade fertig geschorene Schaf, das ohne seine schöne Wolle so ganz anders und drollig aussieht, dieses Schaf nähert sich seinen Genossinnen zunächst etwas schüchtern, um ihnen daraufhin mit dem Kopf ein paar Hiebe zu versetzen. Diese können recht energisch sein, als wollte es sagen: »Wer mich jetzt auslacht, bekommt noch mehr.« Auf den Menschen übertragen wäre es Eitelkeit. Doch bei den Schafen geht es eher darum, den anderen zu zeigen, wen sie vor sich haben. Ohne Wolle erkennt sie nämlich zunächst niemand mehr.

Schafe in Gemeinschaft mit anderen Tieren

Auf kleinen Bauernhöfen war es früher durchaus üblich, Schafe gemeinsam mit anderen Tieren auf die Wiese zu lassen. Schafe vertragen sich gut mit anderen Weidegenossen, und für die Wiese ist eine Tierkombination oft sogar von Vorteil, weil die Grasnarbe nicht einseitig verbissen wird. Zu beachten gibt es Folgendes:

Ziegen und Schafe

ergänzen sich gut, wo verbuschte Weiden zur Verfügung stehen. Beide Arten sind trotz vieler Ähnlichkeiten verschiedene Gattungen mit unterschiedlichem Verhalten. Ziegen bevorzugen höher gewachsenes Futter, also Blätter und Zweige von Büschen und Bäumen, aber auch hohes Gras fressen sie gerne. Sie bewegen sich mehr als Schafe und treten dabei leider viel Gras nieder, was nachher nicht mehr gefressen wird. Bei intensivem Beweiden werden die Ziegen die Wiese vom Buschwerk befreien. Für Obstbaumwiesen sind sie also nicht geeignet. Ziegen können fabelhaft springen und klettern. Ihre Wiese muss sehr gut eingezäunt sein (am einfachsten mit einem Elektrozaun; siehe Seite 67), denn sie sind Meister im Ausbrechen. Schafe und Ziegen können untereinander keinen Nachwuchs zeugen, dennoch sind Ziegen mitunter gute Ammen für Schaflämmer. Es erfordert allerdings viel Einfühlungsvermögen, die Ziege dazu zu bringen, dass sie das fremde Lamm akzeptiert. In jedem Fall ist Ziegenmilch ein ausgezeichneter Ersatz für Lämmer, die verwaist sind oder aus bestimmten Gründen von der Mutter vorzeitig abgesetzt werden müssen. Zur Not kann sie auch mit der Flasche gereicht werden. Aus diesem Grunde werden häufig einige Ziegen in großen Schafherden mitgeführt.

Hornlose Ziegen sind für die Haltung mit Schafen besser geeignet als gehörnte, da es mitunter zu Rangordnungskämpfen kommt. Ziegen mit ruhigem Temperament passen am besten zu Schafen. Krankheiten werden nur selten von einer Tierart auf die andere übertragen, obwohl sie sich so ähnlich sind. Lediglich Ziegenböcke bringen einige Unruhe unter die Schafe, ansonsten vertragen sich beide Arten sehr gut miteinander.

Rinder und Schafe

vertragen sich ebenfalls bestens. Sie weiden zusammen, ohne sich gegenseitig große Beachtung zu schenken. Der Verbiss der Schafe geht tiefer als beim Rind und führt dadurch zu einer kräftigen Grasnarbe. Im Gegensatz zur Ziege sind Schaf und Rind aber eher Futterkonkurrenten.

Pferde und Schafe

sieht man häufig zusammen grasen. Allerdings wird die Wiese durch Pferde sehr kurz gebissen, kürzer sogar als durch Schafe. Sie treibt deshalb nur langsam wieder aus. Man muss unbedingt darauf achten, dass die Schafe rechtzeitig umgetrieben werden. Auch wenn die Pferde noch Futter finden, so heißt das noch lange nicht, dass die Schafe dort gesättigt werden können. In einer Gemeinschaft mit Pferden können Leistungen wie schnelles Wachstum oder Milch von den Schafen nicht erwartet werden. Diese Kombination ist auf Dauer nur etwas für anspruchslose Schafrassen.

Federvieh und Schafe

Hühner können Überträger von Hautmilben oder anderen Krankheiten sein, und in zu großer Anzahl schädigen sie schnell die Grasnarbe. Eine gemeinsame Haltung mit Schafen ist daher nicht empfehlenswert. Allerdings haben wir es einmal beobachtet, wie ein paar Hühner eifrig Schaflausfliegen aus dem Vlies wiederkäuender, ruhender Schafe pickten. Der Freund, bei dem dies geschah, setzt seine Hühner gezielt dazu ein und ist mit dem Ergebnis recht zufrieden, weil der Schaflausfliegenbefall dadurch in annehmbaren Grenzen gehalten wird.

Gänse sind für Schafe starke Futterkonkurrenten. Sie fressen enorm viel zartes Gras und hinterlassen entsprechende Mengen Kot. Schafe können mit ihren empfindlichen Nasen auf solchen Wiesen nicht glücklich werden. Wer trotzdem beide Tierarten halten will, lässt die Gänse auf die Wiese, nachdem sie von den Schafen abgeweidet wurde. Anschließend ist eine ausreichende Wartezeit anzuraten, bis der Gänsekot seine Schärfe verloren hat.

Enten bringen ein ähnliches Problem mit sich, jedenfalls was den Kot betrifft. Futterkonkurrenten sind sie allerdings nicht, denn Enten bevorzugen in erster Linie Weichtiere. Dabei werden sie sogar zu Helfern auf der Schafwiese. Sie sind nämlich großartige Schneckenvertilger und fressen dabei auch jene Zwergschlammschnecken, welche Zwischenwirte des für die Schafe gefährlichen Leberegels sein können. Aus diesem Grunde lassen manche Schafhalter gerne Enten auf ihre Wiesen und preisen diese Methode als Lösung für das Leberegelproblem.

Ganz einstimmen kann ich in diesen Lobgesang aber nicht. In Feuchtgebieten, in denen eine wirkliche Leberegelgefahr besteht, lassen sich immer wieder Fälle finden, wo Schafe trotz gründlichen Enteneinsatzes von diesen Schädlingen befallen werden. Die Zwergschlammschnecken sind sehr klein; die Enten erwischen also durchaus nicht alle und somit sind sie keine Garantie für eine Leberegelfreiheit. Die Enten reduzieren das Risiko, aber sie beseitigen es nicht.

Eine andere nützliche Tätigkeit kommt allem Geflügel zu: Auf der Suche nach Weichtieren heben und bewegen sie den Schafkot. Dieser wird dabei auf der Wiese verteilt und verliert schneller seine Intensität, sodass die Schafe die Wiese gleichmäßiger abfressen.

Der Umgang mit Schafen

Hunde als Helfer in der Schafhaltung

Das bereits ausführlich beschriebene Fluchtverhalten (bei Annäherung eines Feindes Flucht ins Herdenzentrum, weiteres Vorgehen gemeinsam, siehe Seite 16) hat die Haltung großer Herden in der Wanderschäferei möglich gemacht. Die Hütehunde übernehmen dabei die Funktion des »Feindes«. Sie müssen dafür sehr gut ausgebildet sein, damit sie unter den Tieren keine Panik auslösen, sondern gezielt eingesetzt werden können. Wenn der Hund sich nähert, so laufen abseits weidende Tiere zu den anderen zurück, die Herde kann mit ihm bequem zusammengetrieben, geleitet und gelenkt werden. Es sind erstaunliche Leistungen, die Schäfer und Hund vollbringen, wenn sie eine Herde durch den Straßenverkehr oder entlang eines Feldes mit verlockendem Futter führen.

Ohne den genannten Herdeninstinkt wäre die Wanderschäferei unvorstellbar. Erwähnt werden muss in diesem Zusammenhang auch, dass sich über die Jahrhunderte Rassen entwickelt haben, bei denen dieser Herdeninstinkt verstärkt vorhanden ist. Die bekanntesten Vertreter dafür sind die weit verbreiteten Merinoschafe. Sie laufen und weiden gerne dicht beieinander und fühlen sich nur unter vielen Artgenossen wohl. Für eine Schafhaltung im Kleinen sind sie deshalb ungeeignet, dafür kann man mit ihnen Herden von mehreren hundert Tieren bilden. Das ist in der Wanderschäferei heutzutage üblich und notwendig, damit die Lohnkosten des Schäfers gesichert sind.

In der Koppelschafhaltung werden teilweise ebenfalls ausgebildete Hunde eingesetzt, um die Schafe leichter von einer Wiese auf die andere umtreiben zu können. Lohnend ist solch ein Hund aber nur dort, wo entsprechend viele Schafe professionell gehalten werden.

Für die kleine Schafhaltung, die hobbymäßig oder als Nebenerwerb betrieben wird, ist ein Hund nicht nötig, so romantisch die Vorstellung auch sein mag. Man bedenke dabei: Nur wenige Hunde haben ein geeignetes Talent für die entsprechende Ausbildung, das Gleiche gilt für den Hundehalter; die Ausbildung muss konsequent durchgeführt werden, der Hund muss seine Aufgaben sicher beherrschen und im Training bleiben. Der Aufwand für den Hund ist also groß und rentiert sich nur, wenn man mit den Schafen einen erheblichen Arbeitsaufwand beim Umtreiben hat.

Ein bereits ausgebildeter Hund wird meist nur verkauft, wenn der Besitzer mit ihm in irgendeiner Hinsicht unzufrieden ist; einen tadellosen Hütehund wird ein Schäfer dagegen nur selten abgeben. In jedem Fall kostet er sehr viel Geld. Wer trotzdem mit einem Hütehund liebäugelt, sollte sich vorher gründlich über die Haltung eines solchen Hundes informieren, denn der Umgang mit ihm erfordert viel Erfahrung, damit dessen gute Eigenschaften nicht verloren gehen.

Soll mit der Schafhaltung neu begonnen werden und es ist bereits ein gewöhnlicher Haus-, Hof- oder Schoßhund vorhanden oder wenn umgekehrt schon Schafe vorhanden sind und ein gewöhnlicher Hund nun hinzu kommen soll, so muss man zunächst sehr genau beobachten, wie sich dieser Hund den Schafen gegenüber verhält. In vielen Fällen scheint es den Hunden regelrecht Spaß zu machen, die Schafe laut bellend zu jagen und in Panik zu versetzen. Wildernde Hunde können sogar großen Schaden anrichten.

Hund und Schafe kann man langsam aneinander gewöhnen, indem man den Hund zunächst stets an der Leine mit zu den Tieren auf die Weide nimmt und konsequent mit Lob und Tadel versucht, ihm ein erwünschtes Verhalten beizubringen. Bleibt er beim Anblick der Schafe ein dauerhafter Beller, so hat er auf der Wiese nichts zu suchen.

Beziehung zum Menschen – Zutraulichkeit

Man kann sich die Intelligenz der Schafe zunutze machen und wird dadurch kaum Probleme beim Umtreiben oder Führen der Tiere haben. Schafe sind nämlich gar nicht so dumm, wie es immer heißt. Sie kennen uns sehr wohl als »Brötchengeber«, wissen, wann es Futter gibt und lernen die Wege zur Wiese erstaunlich schnell. Unsere Milchschafe, die wir jeden Morgen und Abend zum Melken in den Stall bringen, laufen auch komplizierte Wege zu einer neuen Wiese bereits alleine, nachdem sie zwei- bis dreimal geführt wurden.

Nun sind Milchschafe sicherlich eine Ausnahme. Durch das Melken und den häufigen Umgang mit ihnen konnten sie ein vertrautes Verhältnis zum betreuenden Menschen entwickeln, sie haben sich an ihn gewöhnt. Andere Schafarten erhalten normalerweise keine regelmäßigen Kraftfuttergaben. Sie haben keinen so innigen Kontakt zum Menschen und damit schlechte Voraussetzungen für ein vertrautes Verhältnis.

Von Natur aus sind Schafe dem Menschen gegenüber scheu, und es ist nicht immer einfach, ihr Vertrauen zu gewinnen. Die Grundverhaltensweisen werden bereits im Lämmeralter geprägt. Wie bei allen Lebewesen ist die erste Lebensphase und damit die Umgebung, in der das Individuum aufwächst, entscheidend für wesentliche Charakterzüge. So werden scheue Lämmer aus einer scheuen Herde diesen Grundzug im Wesentlichen behalten, trotz aller Mühe, die wir uns geben. Ebenso gewöhnen sich Schafe aus einer großen Herde nur schwer daran, in einer kleinen Gruppe zu leben. Anders sieht es dagegen bei Lämmern aus einer zutraulichen kleinen Herde aus: Sie haben die besten Voraussetzungen dafür, Schafe mit »Familienanschluss« zu werden. Etwas Einfühlungsvermögen und Interesse am Wesen des Schafes gehören natürlich ebenfalls dazu.

Einige Grundregeln, die die Zutraulichkeit der Schafe fördern:
- Alles vermeiden, was die Schafe erschrecken könnte.
- Stets ruhige Bewegungen beim Umgang mit den Tieren.
- Keine Hektik beim Betreten des Stalles oder beim Füttern.
- Die Tiere regelmäßig ansprechen. Sie gewöhnen sich an die Stimme und es wirkt auf sie beruhigend.
- Die Tiere öfters auf der Wiese besuchen. Beim Annähern die offene Handfläche zum Beschnuppern entgegenhalten, so lernen sie uns kennen.
- Die Schafe können an einen Lockruf gewöhnt werden. Am wirkungsvollsten beginnt man damit zur Einleitung der Fütterung. Später kann man mit ihm bequem die Tiere am Wiesentor zusammenrufen, wenn sie umgetrieben oder in den Stall gebracht werden sollen. Beim Führen auf eine neue Wiese ist er ebenfalls von Vorteil und er wirkt bei aufgeregten Tieren beruhigend.
- Manche unbeabsichtigten Locksignale zeigen auch eine verblüffende Wirkung; so das Klappern des Henkels auf dem Rand des Futtereimers oder das Rascheln des Hafers im Eimer oder in der Schüssel.

Mit Geduld, Ausdauer und konstantem Verhalten kann es sogar gelingen, scheue Tiere zutraulicher zu machen. Man kann dieses Verhalten jedoch nicht erzwingen.

Schafe gewöhnen sich relativ schnell an den Menschen, der sie betreut. Fremden gegenüber werden sie jedoch eine andere Verhaltensweise zeigen. Diese Tatsache lässt sich nur bedingt ändern, wenn die täglichen Arbeiten an den Tieren gelegentlich von verschiedenen Personen ausgeführt werden. So ist es ratsam, dass man eine Vertretung für den Urlaub vorher rechtzeitig einübt. Die Vertretung lernt die Arbeitsschritte kennen und beide, Schafe und Vertretung, können sich aneinander gewöhnen.

Besonders zutraulich sind Schafe, die als Lämmer mit der Flasche aufgezogen wurden. Der Mensch wird hier zur Ersatzmutter. Dennoch ist es kein Argument dafür, ein Lamm unbedingt mit der Flasche aufziehen zu wollen. Gleichzeitig gehen nämlich typische Schafinstinkte verloren, wie Untersuchungen gezeigt haben. Die Sozialisation durch das Muttertier und andere Schafe ist notwendig, wenn sich später ein normales Sozial-

und Sexualverhalten entwickeln soll. Bei der artgerechten Haltung kommt eine Aufzucht mit der Flasche also nur für wirkliche Problemlämmer in Frage, für die es keine andere Möglichkeit gibt.

Das Treiben und der Transport

Das Führen von Schafen über kürzere Entfernungen ist in der Regel kein großes Problem. Am besten geht es, wenn die Tiere gesättigt sind. Dann stürzen sie sich nicht wild auf alles, was am Wegrand wächst. Schafe sind nicht sehr ausdauernd im schnellen Laufen, trotzdem sollte man selber gut zu Fuß sein. Über schwierige Strecken treibt man sie zu zweit oder zu dritt, dabei deckt jeweils einer die Flanken und die vertraute Person läuft mit dem Lockruf vorweg oder geht hinterher, ohne die Tiere zu hetzen. Das Prinzip ist das Gleiche wie beim Hütehund: Die Schafe weichen dem Menschen aus, sie bleiben zusammen und sind so dirigierbar. Panik ist beim Treiben zu vermeiden, damit es keine wilde Flucht wird und das Verhältnis zum Halter nicht gestört wird. Ein ruhiges Tempo ist also angeraten.

Ein Leitschaf kann auch mit Halsband und Strick geführt werden, die anderen Tiere laufen hinterher. Diese Methode setzt allerdings voraus, dass das Leitschaf bereitwillig mitläuft, was nicht jedes tut. Als Lockmittel kann ein Eimer mit etwas Kraftfutter hilfreich sein.

Wenn man das Verhalten seiner Schafe gut beobachtet hat und kennt, wird man mit ihnen auch ohne nennenswerte Schwierigkeiten komplizierte Wege beim Umtreiben zurücklegen können. Lediglich sehr scheue Tiere sind schwieriger zu dirigieren.

Eine besondere Aufmerksamkeit ist im Straßenverkehr erforderlich. Beim Treiben muss dort in jedem Fall die Straßenverkehrsordnung eingehalten werden. Aus diesem Grund sind Begleitpersonen notwendig, welche die Autos in beiden Fahrtrichtungen vorwarnen können. Außerdem muss man dafür Sorge tragen, dass die Schafe dicht zusammenbleiben und beim Vorbeifahren eines Autos nicht in wilde Panik ausbrechen.

Über größere Entfernungen empfiehlt es sich, die Tiere in einem Viehanhänger zu transportieren. Ein geeigneter Anhänger hat mindestens 1,3 m hohe Seitenwände und eine nicht zu steile Laderampe. Querlatten erleichtern den Einstieg. Ein Dach ist nur nötig, wenn der Hänger unterbesetzt ist oder extreme Witterungsverhältnisse herrschen. Der Boden darf nicht zu rutschig sein und wird mit Einstreu versehen.

Beim Verladen gehen wir besonders ruhig vor, damit der Vorgang zum Erfolg führt. Am besten nutzt man geeignete örtliche Gegebenheiten aus, wie Zäune, die zum geöffneten Hänger hin einen Trichter bilden, oder man verlädt direkt vom Wiesen- oder Stalltor aus. Das Leitschaf kann als Erstes reingeführt und vorübergehend angebunden werden. Etwas Hafer vorn im Hänger wirkt auf alle verlockend und nimmt die Angst. Schafe, die häufiger im Hänger transportiert werden, gewöhnen sich recht gut daran.

Während der Fahrt darf kein Tier angebunden bleiben, damit es beim Bremsen oder Anfahren nicht stranguliert wird. Bei einzelnen oder wenigen Schafe ist ein Dach nötig, damit kein Tier herausspringen kann.

Einzelne Schafe kann man zur Not ohne fremde Hilfe auch recht gut im PKW transportieren. Dazu wird der Rücksitz herausgenommen, die Fläche mit saugender Einstreu versehen und die Polsterung mit alten Säcken oder Bettbezügen abgedeckt. Soll das Schaf während der Fahrt gehalten werden, so baut man den Beifahrersitz heraus und verkleidet die Stelle ebenso. Eine stabile Plastikfolie unter der Einstreu hält den Teppichboden weitgehend sauber. Das Schaf wird nun von der Rückbank aus von einer zweiten Person festgehalten. Bei laufendem Motor steht es erstaunlich ruhig, die fremden Geräusche schüchtern es offensichtlich etwas ein.

Eine weit verbreitete Unsitte ist der Transport einzelner Schafe im Kofferraum. Wer seinen Tieren das zumutet, der braucht sich nicht zu wundern, wenn seine Tiere scheu reagieren. Eine Auto- und Hängerfahrt ist Stress genug, der Kofferraumtransport kommt jedoch einer Schocktherapie gleich, deren Folgen nicht abzusehen sind.

Einfangen und Festhalten

Zutrauliche und handzahme Schafe auf der Wiese einzufangen ist denkbar einfach. Man kann ihnen etwas Hafer oder ein Stück Brot als Leckerbissen anbieten und sie beim Fressen greifen. Schwieriger ist es dagegen bei weniger zutraulichen oder gar scheuen Tieren. Schnell wird aus den Fangversuchen eine wilde Hatz, die sich auf die Beziehung Schaf – Mensch und umgekehrt nicht gerade positiv auswirkt. Problemlos geht das Einfangen dagegen im Stall oder in einem kleinen, stabil eingezäunten Pferch auf der Wiese. Sind häufige Arbeiten am Schaf nötig, wie regelmäßiges Melken beim Milchschaf oder eine Krankenbehandlung einzelner Tiere, und der Weg zum Stall ist zu weit, so empfiehlt sich die Einrichtung solch eines Pferches. Er kann für ein großes, zusammenhängendes Weidestück fest installiert sein oder bei verstreuten Wiesen aus transportablen Hürden gebaut sein.

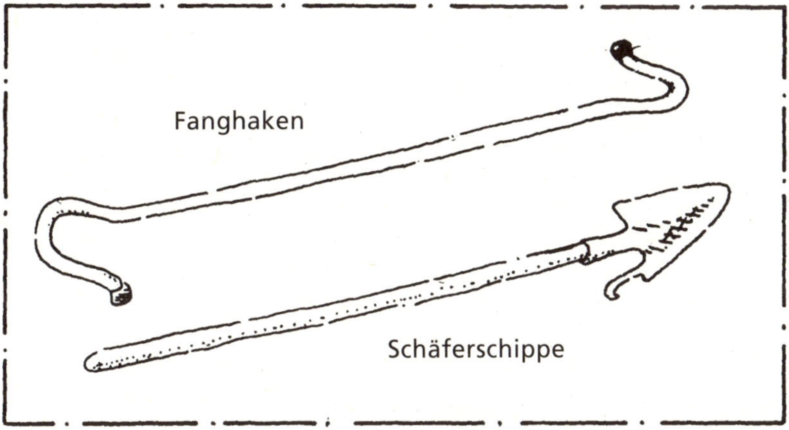

Erfahrene Schäfer benutzen zum Einfangen frei laufender Tiere einen speziellen Fanghaken oder ihre so genannte Schäferschippe. Mit dem weiten Ende des Fanghakens kann das Schaf am Hals, mit dem schmalen Ende am Bein eingefangen werden. An der Schäferschippe befindet sich ebenfalls ein schmaler Haken zum Fangen am Bein. Der Umgang mit beiden Geräten will gelernt sein, sonst kommt es bei den Tieren schnell zu Verletzungen.

Ein eingefangenes Schaf fasst man mit einer Hand von unten um den Hals, mit der anderen greift man über das Schaf und hält es an der Weiche, das ist die Stelle zwischen Rumpf und Hinterschenkel (Keule). Ein Knie drückt dabei leicht gegen den Bereich der anderen Weiche. Tragende Schafe fasst man stattdessen am Schwanzansatz und drückt das Knie leicht gegen den Hinterschenkel. Diese Art des Haltens ist kräftesparend, selbst starke Tiere können jetzt kaum noch fliehen. An der Wolle wird ein Schaf nur gehalten, bis diese Grundposition eingenommen werden kann. Niemals an den Ohren festhalten, dies führt schnell zu Verletzungen im inneren Ohrbereich!

Aus der beschriebenen Halteposition kann ein Schaf leicht aus dem Stand auf sein Hinterteil gesetzt werden. Mitunter ist das notwendig, wenn man ohne Hilfe Behandlungs- oder Pflegearbeiten durchführen will, wie Klauenschneiden oder Scheren. Bei diesem so genannten Umsetzen gleitet das Hauptgewicht über das Knie, ein Arm hebt das Vorderteil, der andere drückt das Hinterteil nach unten. Das Ganze geschieht in einer zügigen Bewegung und ist einfach zu erlernen. Alle anderen Versuche erfordern sehr viel Kraft und bieten dem Schaf mehr Möglichkeiten, sich zu wehren.

Nun sitzt das Schaf mit ausgestreckten Hinterbeinen auf dem Gesäß, den Rücken zu uns gewandt. Diese Lage wird so weit korrigiert, dass wir nicht das ganze Gewicht halten müssen. Wir lehnen es an unsere Beine und haben beide Hände zum Arbeiten frei, wenn wir es richtig gemacht haben. Das Schaf bleibt in dieser ausbalancierten Position relativ ruhig über eine längere Zeit sitzen. Ist die Behandlung erledigt, so schieben wir es vorwärts in den Stand.

Meist findet die Behandlungs- oder Pflegearbeit an einem bestimmten Platz statt. Das Schaf, das gerade eingefangen wurde, muss also dorthin gebracht werden. Alles Schieben und Zerren an der Wolle (wie man es leider so oft sieht) wird überflüssig, wenn man einen geeigneten dicken Strick zur Hand hat. Diesen legt man dem Tier wie ein Halsband um, ohne die Enden zu verknoten oder sonstwie zu verbinden. Schlaufen jeglicher Art sind hier gefährlich, sie können sich festziehen und dem Tier die Luft abschnüren. Stattdessen fasst die eine Hand wie eine Schnalle zu und verbindet beide Strickteile dicht am Hals. Die Enden können mit der anderen Hand gehalten werden oder hängen frei herab. Der Kopf des Tieres sitzt also fest in der Schlaufe, dicht an unserer Hand, und damit wird es leicht dirigierbar. Über kurze Strecken kann man ein Schaf so führen, am Ziel angekommen, öffnet man die Hand und damit die Schlinge. Sträubt sich das Schaf zu sehr, auf diese Art geführt zu werden, so wirkt es Wunder, wenn eine zweite Person das Tier von hinten in die Flanken greift und es nun schiebt. Das Schaf denkt, dass es von einem Bock besprungen wird und weicht nach vorne aus, wo es in die gewünschte Richtung dirigiert werden kann.

Der Umgang mit Böcken

Ausgewachsene Schafböcke sind große, kräftige Tiere und flößen allgemein Respekt ein. Doch es sind nur wenige unter ihnen, die wirklich zum Stoßen neigen und damit eine Gefahr für Menschen darstellen. Die Angst gegenüber Böcken ist vielfach unbegründet.

Lediglich zur Brunstzeit neigen sie vermehrt dazu, ihre Schafe zu verteidigen. Da kann es schon passieren, dass sie uns als Konkurrenten empfinden. Zu dieser Zeit ist es ratsam, ein waches Auge auf den sonst friedfertigen Burschen zu werfen, damit er uns nicht mit einem Angriff überrascht. Eine besondere Aufmerksamkeit wird notwendig, wenn man einzelne Tiere herausgreifen will, um sie beispielsweise zu untersuchen. Der Bock gibt seine Schafe in dieser Zeit nur gegen seinen Willen her. Bei Pflegearbeiten an den Schafen im Herbst trennt man den Bock also am besten kurzfristig von der Herde. So geht man kein Risiko ein. Zur Deckzeit ist die Verteidigungsbereitschaft gegen Konkurrenten ein normales Verhalten, obwohl sie nicht bei allen Böcken vorhanden sein muss. In jedem Fall kann man sich darauf einstellen.

Ernste Probleme bereiten dagegen Böcke, die auch außerhalb der Deckzeit gelegentlich zum Stoßen neigen oder dies sogar zu einer Bösartigkeit entwickelt haben. Der Umgang mit ihnen ist schwierig und mitunter gefährlich, doch bevor wir dazu kommen, soll erst einmal erläutert werden, wie Böcke zu solchen »Stoßern« werden. In der Regel sind nämlich Erziehungsfehler dafür verantwortlich. Dies mussten wir immer wieder feststellen, wenn wir Leute mit Problemböcken näher befragten. So hat manch einer, häufig auch Kinder, Spaß an den neckischen Bewegungen, die ein Bocklamm vollzieht, wenn man die Hand gegen seine Stirn legt und mit ihm Stierkampf spielt. Wird das Tier älter, so spielt es gerne weiter. Die Verhaltensweise ist erlernt, nur wird sie für den Menschen nun lästig und gefährlich. Oder: Um einen Bock besonders »zutraulich« zu machen, wird er oft gestreichelt und mit Leckerbissen verwöhnt. Vor solch einer gut gemeinten Erziehung sei jedoch gewarnt, denn das Tier lernt dabei schnell, was es von uns erwarten kann und reagiert bald, wie wir es nicht wollen. Es stößt jetzt nämlich, wenn es eine Liebkosung oder einen Leckerbissen verlangt, das ist seine Sprache. Also muss bei der Erziehung eines Bockes alles unterlassen werden, wo er etwas von uns fordern könnte, Verwöhnen wird sonst gefährlich.

Doch der Erziehungsfehler muss nicht nur beim Menschen liegen. Wenn Bocklämmer beispielsweise mit einem aggressiven Bock aufwachsen und von ihm erzogen werden, so ist die Wahrscheinlichkeit recht groß, dass sein Verhalten auf die Kleinen abfärbt.

Hinweise darauf, dass ein allgemeines, auch außerhalb der Decksaison aggressives Verhalten vererbt wird, haben wir in der Praxis niemals erhalten. Nach unseren Erfahrungen ist dafür im Wesentlichen immer die Erziehung verantwortlich.

Was tut man nun, wenn man einen Bock hat, der zum Stoßen neigt? Versucht er es nur gelegentlich, so besteht noch Hoffnung auf Umerziehung. Am besten reagiert man sofort bei den ersten Anzeichen, bevor es zum Stoßen kommt. Typische Gebärden sind: Zurücklegen der Ohren, leichtes Senken oder auch Zurücklehnen des Kopfes, schrittweises Zurücktreten (Anlauf), mitunter schnaufende Atmung (Wut). Ein Eimer Wasser, den man über den Kopf des Bockes schüttet, zeigt eine verblüffende, nachhaltige Wirkung; nur ist er leider nicht immer griffbereit. So bleibt ein leichter Klaps mit der flachen Hand über die Nase, begleitet von heftigem Schimpfen. Die Nase ist ein schmerzempfindliches Organ, er wird nach dieser Behandlung zurückhaltender. Dennoch sollte man ihn weiterhin im Auge behalten und ihm nicht den Rücken zukehren. Bei einem nächsten Versuch seinerseits reicht vielleicht schon das heftige Schimpfen. Der Klaps darf auf keinen Fall zu kräftig ausgeführt werden, damit er nicht zu einer Verletzung führt. Schläge gegen andere Körperteile oder den Kopf sind sinnlos. Sie würden nicht die gewünschte Wirkung bringen, sondern Gegenteiliges bewirken, da sie eine Aufforderung zum Kampf sind.

Eine echte Gefahr stellen aber eigentlich nur Böcke dar, die das Stoßen zu einer Bösartigkeit entwickelt haben, gegen die auch unsere Erziehungsversuche fruchtlos bleiben. Es liegt nahe, diese Tiere zu schlachten. Doch zum Glück ist dieses Verhalten bei einer schafgerechten Haltung äußerst selten.

Schafe und Kinder

Eine intensiv genutzte Schafwiese sollte aus hygienischen Gründen prinzipiell kein Spielort für Kinder sein. Dennoch sind die friedfertigen Schafe ideale Tiere, um bereits kleinen Kindern Einblicke und Verständnis in natürliche Lebenszusammenhänge zu geben. Kaum ein anderes Haustier ist so umgänglich und wird so naturnah gehalten. Dabei hängt selbstverständlich vieles davon ab, wie wir Erwachsene die Kinder an die Themen heranführen und sie vermitteln können. Auf alle Fälle können Kinder hier anhand der Praxis etwas anschaulich lernen, und schon von klein auf werden diese wichtigen Lebenszusammenhänge zu einer Selbstverständlichkeit.

Unsere Kinder haben wir bereits sobald sie laufen konnten und ein Interesse vorhanden war mit zum Füttern in den Stall oder auf die Wiese genommen. Schon bald entwickelte sich daraus bei ihnen eine Lust, selbst zu füttern und wir waren erstaunt, wie konstant und eigenverantwortlich sie dabei waren. So lernten sie nebenbei schon sehr früh Futterportionen aufzuteilen und zu zählen. Einige Zeit später, als das Interesse an der eigenen Anatomie wuchs, ließen wir sie beim Ausnehmen und Zerlegen eines gerade geschlachteten Tieres zuschauen und konnten dabei alles über Knochenbau und Innereien zeigen, anschaulicher als jedes Buch oder Modell es vermag. Der Appetit am selbst gezogenen Fleisch ist dadurch keineswegs geschmälert worden. Wir stellten sogar fest, dass es für sie befriedigend war, zu erfahren, wie das Fleisch eigentlich gewonnen wird. Die Abneigung vieler Menschen gegen das Schlachten und Essen eigener Tiere ist sicher darauf zurückzuführen, dass sie nie vernünftig an diese Sache herangeführt wurden, und deswegen wird lieber »anonymes« Fleisch beim Schlachter gekauft. Dabei kann man es selbst in der Hand haben, von welcher Qualität das selbst gezogene Fleisch sein soll.

Die anfangs erwähnten hygienischen Bedenken beim Spielen auf der Wiese beziehen sich auf eine mögliche Übertragung von Krankheiten. Kleine Kinder fallen öfter hin und kommen dabei mit eventuell ausgeschiedenen Erregern in Berührung. Sie sollten also nur zu gesunden Tieren gelassen werden, und da der Gesundheitszustand nicht immer hundertprozentig ersichtlich ist, lassen wir sie zur Vorbeugung anschließend immer gründlich die Hände waschen. Auf diese Weise hatten wir noch nie Probleme mit Krankheitsübertragungen. Allerdings waren unsere Tiere auch meistens gesund.

Wichtig ist, dass die Kinder gleich zu Beginn daran gewöhnt werden, ebenso ruhig mit den Tieren umzugehen, wie wir es selber tun. Nur so können die Schafe ihre Scheu gegen die Kinder verlieren und auch ihnen gegenüber zutraulich werden.

Die Unfallgefahren für Kinder durch Schafe sind relativ gering. Beobachten muss man in jedem Fall, wie Böcke auf sie reagieren, und zu ihnen würden wir sie auch nicht unbeaufsichtigt lassen. Bei weiblichen Tieren braucht man im Allgemeinen keine Angst zu haben. Uns ist kein Fall bekannt, wo sie jemals gestoßen haben. Gefahrenmomente entstehen lediglich bei Drängeleien an Toren und Engpässen, besonders wenn es zur Fütterung geht. Doch Kinder lernen schnell, richtig darauf zu reagieren.

Die Schafrassen

Herkunft der Schafe

Das Schaf ist zusammen mit der Ziege das älteste Haustier des Menschen. Ausgrabungen von Knochenresten in dörflichen Siedlungen im Gebiet des heutigen Irak gehen auf das Jahr 6800 v. Chr. zurück; man geht aber davon aus, dass in Vorderasien die Gemeinschaft Schaf Mensch schon länger bestand. In Mitteleuropa werden Schafe seit etwa 4000 v. Chr. gehalten. Sie lieferten dem Menschen Fleisch, Fell, Wolle sowie Milch und waren zudem als friedliche Herdentiere mit den noch primitiven Möglichkeiten gut in der Nähe der Behausung zu halten. Mit der Haltung von Schafen erübrigte sich weitgehend das Jagen.

Doch das Schaf ist noch älter. Im Miozän (vor etwa 15 Millionen Jahren) erlaubte eine veränderte Vegetation die Entwicklung der Paarhufer und Wiederkäuer. Schafe und Ziegen sind eng miteinander verwandt; sie stammen aus der Linie der Urantilope (hohlhörnig) ab. Die Trennung dieser beiden Arten vollzog sich jedoch bereits im Oberen Miozän. Ihren Lebensraum fanden die Schafe zunächst auf der nördlichen Erdhalbkugel und auf dem amerikanischen Kontinent (Dickhornschafe).

Als Urahn unserer heutigen Schafrassen wird der *Ovis ammon* angenommen, der vor 1 Million Jahren lebte. Aufgrund unterschiedlicher klimatischer und geografischer Bedingungen sowie den daraus resultierenden unterschiedlichen Futterverhältnissen entwickelten sich die verschiedenen Rassen. Allen gemein waren die »Tränengruben« (Drüsenvertiefungen unter den Augen) und die gewundenen Hörner. Sie besaßen ein dunkles Fell, die so genannte Doppeldecke. Langes, grobes Deckhaar leitete das Regen- und Schneewasser ab, während das feine, weiche Unterhaar für die notwendige Wärme sorgte und dem Schaf Schutz gegen raue Winde bot. Ab etwa 5500 v. Chr. gab es auch hornlose Tiere.

Entwicklung der Rassen

Heute zählt man weltweit 550 verschiedene Schafrassen, darunter 50 Haarschafrassen. Aus welcher Urschafrasse sich nun unsere europäischen Rassen entwickelten, konnte bisher noch nicht eindeutig nachgewiesen werden. Doch gilt der *Arkal* aus dem Vorderen Orient als Stammvater der langschwänzigen Schafrassen (mehr als 13 Schwanzwirbel), zu denen auch unsere Wollschafe zählen. Das *Mufflon* (ursprünglich auf Korsika beheimatet) ist der Vorfahr der kurzschwänzigen Rassen, die hauptsächlich in

Nordeuropa vertreten sind. Die frappierende Ähnlichkeit zwischen dem Mufflon und der *Gehörnten Grauen Heidschnucke* lässt da keine Zweifel aufkommen. Einige dieser Urschafe leben noch heute in Norddeutschland in »freier Wildbahn« und stehen unter strengem Naturschutz.

Es ist zu vermuten, dass der Mensch gleichzeitig mit der Domestikation auch die Züchtung begann, um die für ihn wichtigen Eigenschaften des Schafes noch stärker herauszubilden. Das erklärt z. B., warum die heutigen Hausschafe zum Großteil hornlos sind im Gegensatz zu den gehörnten Wildschafen. In abgelegenen oder isolierten Gegenden entwickelten sich durch gezielte Auswahl Rassen, die mit den gegebenen klimatischen Bedingungen und Futterverhältnissen am problemlosesten zurechtkamen und trotzdem die Bedürfnisse des Menschen am besten zufrieden stellen konnten.

Mit der Erfindung der Handspindel und des Webstuhls in der Jungsteinzeit bekam die Wolle zur Herstellung von Textilien eine immer stärkere Bedeutung. Bis ins späte 19. Jahrhundert hinein stand die Wollerzeugung bei der Schafhaltung im Vordergrund und war somit Hauptziel in den Züchtungsbemühungen.

Heidschnucke

Archäologischen Funden zufolge (ebenfalls in Vorderasien) gab es die ersten Wollschafe um 1000 v. Chr. Nach jahrtausendelanger Auslese war es gelungen, Schafe mit einer einheitlichen, relativ feinen Wolle herauszuzüchten (ohne das grobe Deckhaar), die sich ausgezeichnet für Bekleidung eignete. Ein weiteres Ziel war, möglichst weiße Wolle zu züchten, die dann gefärbt werden konnte. Über Jahrhunderte hinweg wurden deshalb braune Tiere von der Vermehrung ausgeschlossen. Vom Vorderen Orient aus breiteten sich die Wollschafe langsam bis nach Europa aus, wobei sie mit den jeweils einheimischen Rassen gekreuzt wurden, um auch unter den veränderten Lebensbedingungen optimal zu gedeihen.

Seit der Erfindung der chemischen Textilfaser gehen die Zuchtbemühungen nun dahin, den Fleischertrag zu erhöhen und die Fruchtbarkeit zu verbessern (mehr Lämmer und häufigere Geburten).

Heute ist die Vielfalt der Schafrassen in Europa bedroht. Die alten, robusten Landrassen werden von wenigen »profitträchtigen« Rassen verdrängt, da eine Orientierung an der Wirtschaftlichkeit der Schafhaltung (industrielle und marktgerechte Verwendung von Fleisch und Wolle) stattgefunden hat. Neuerdings gibt es aber Bemühungen, diesen Trend aufzuhalten, um die Vielfalt zu retten. Es wäre wünschenswert, wenn dieser Aspekt beim Aufbau einer eigenen, kleinen Schafhaltung mehr Beachtung fände. Die örtlichen Schafzuchtverbände helfen gerne, wenn sich jemand der Zucht einer bedrohten Rasse zuwenden will (siehe auch Seite 50).

Unterschiede zwischen den einzelnen Schafrassen gibt es in Fruchtbarkeit, Milchleistung, Geschlechtsreife, Länge und Häufigkeit der Brunst, Trächtigkeitsdauer, Fleischmenge und -ansatz, Trittsicherheit, Wollfeinheit und -länge sowie in den Ansprüchen an Fütterung und Haltung.

Einteilung der Rassen

Die Schafrassen können in verschiedene Gruppen zusammengefasst werden, die bestimmten Eigenschaften Rechnung tragen. Die Einteilung in lang- und kurzschwänzig (siehe Seite 35) geht auf die historische Entwicklung der Schafe zurück. Fettschwanzschafe, egal ob lang- oder kurzschwänzig, heißen die Rassen, die Fett im Schwanz als Notreserve für Hungerperioden speichern können. Auf sie trifft man auch heute noch häufig in kargen Gegenden Afrikas und Asiens.

Die Aufteilung in Wander- und Koppelschafe wird sehr selten vorgenommen und bezieht sich ausschließlich auf die Haltung. Da viele Rassen für beide Haltungsformen geeignet sind, ist sie zudem ungenau.

Aus der Zeit, in der noch die Wollerzeugung im Vordergrund stand, gibt es die Einteilung in verschiedene Vliestypen: merinowollig (sehr fein), langwollig, kurzwollig, grobwollig oder teppichwollig. In der Wollverwertung werden wiederum die Begriffe »merinowollig« (Wollhaardurchmesser unter 24 My (1 My = 1/1000 mm), »mischwollig« (grobes, hartes Deckhaar mit feiner Unterwolle) und »schlichtwollig« (Wollhaardurchmesser 26 – 36 My) benutzt. Diese Unterteilung richtet sich nach der optimalen Verwendbarkeit der Wolle für industrielle Zwecke. Unter »schlichtwollig« fällt der Hauptteil der deutschen Schafrassen, doch ist diese Wolle keinesfalls schlecht, wie es der Name suggerieren mag. Vom Standpunkt des Handspinners aus betrachtet, ist das die beste Qualität, weil sie viel einfacher zu verspinnen ist und ein breites Spektrum an Verwendungsmöglichkeiten besitzt, das von weicher Babykleidung über Jacken und Socken bis hin zum Teppich die Selbstversorgung im Textilbereich möglich macht.

Da sich die Bedeutung der Schafhaltung von Wollerzeugung auf Fleischproduktion gewandelt hat, wird nun überlegt, eine neue Einteilung in A-, B- und C-Rassen einzuführen, die nach den Merkmalen Fruchtbarkeit und Fleischansatz unterscheidet.

Die traditionelle Einteilung trennt die Rassen in vier Gruppen: Landschafrassen, Fleischschafrassen, Merinoschafrassen und Milchschafrassen. Da dies heute am gebräuchlichsten ist, wollen wir uns an diese Einteilung halten.

Landschafrassen

Zu den Landschafrassen zählen die kleineren, regional begrenzten Schafrassen, die sich über lange Zeit den Gegebenheiten ihrer engeren Umwelt bestens angepasst haben. Dort gedeihen sie am problemlosesten, wenngleich ihr Schlachtgewicht selten so hoch liegt wie bei Fleischschafrassen. Dafür sind sie in ihren Futteransprüchen genügsamer. Ihre Wolle ist meist mischwollig bis teppichwollig, doch finden wir unter den in Deutschland verbreiteten Landschafrassen auch viele schlichtwollige Typen.

Viele Landschafrassen sind vom Aussterben durch Verdrängung und Vernachlässigung bedroht (wirtschaftlich »unrentabel«). Neuartige Zuchtprogramme sollen hier eingreifen und ein Überleben der letzten Landschafrassen in artgemäßer Umgebung und Haltung ermöglichen. Der Vorteil der Landschafe ist, dass sie aufgrund ihrer optimalen Anpassung gut in Gebieten leben können, wo ihre auf Leistung gezüchteten Artgenossen keine große Chance mehr haben. Dieser Aspekt ist besonders wichtig für die Länder der Dritten Welt.

Merinolandschaf
Schwarzkopf
Bergschaf
Milchschaf

Fleischschafrassen

Die heutigen Fleischschafrassen sind aus gezielten Zuchtprogrammen hervorgegangen, die Ende des 19. Jahrhunderts infolge der wirtschaftlichen Umorientierung von Wolle auf Fleisch vorgenommen wurde. Die damaligen deutschen Wollschafrassen wurden mit englischen Fleischschafen (hauptsächlich *Leicester* und *Southdown)* eingekreuzt, um eine stärkere Bemuskelung zu erhalten. Weitere Kreuzungen verbesserten die Fruchtbarkeit und Frühreife (mehr Lämmer, was ebenfalls einen höheren Fleischertrag bedeutet). Fleischschafe sind anspruchsvoll, was Menge und Qualität des Futters betrifft, und ziehen das Leben in großer Gemeinschaft vor. Ihre Wolle ist schlichtwollig. Fleischschafe finden wir in Deutschland am häufigsten.

Merinoschafrassen

Zu den Merinoschafrassen zählen alle Schafrassen, deren Wolle die Feinheit der Merinowolle besitzen (bis 24 My). Sie sind alle eng mit den ursprünglichen spanischen Merinos verwandt, weil die Wollfeinheit nur durch Einkreuzung echter Merinos erreicht werden kann. Die Bezeichnung zielt also auf die Wolle der Tiere, was aber heutzutage etwas veraltet ist, da auch Merinorassen hauptsächlich wegen der Fleischerzeugung gehalten werden. In Deutschland gibt es drei Rassen. Das Merinofleischschaf, das mehr im Norden gehalten wird, ist feinwolliger als das Merinolandschaf Süddeutschlands, welches dagegen genügsamer und ein ausgezeichnetes Wanderschaf ist. Als dritte Merinoart wurde in der damaligen DDR das Merinolangwollschaf herausgezüchtet, eine Halbfeinwollrasse mit guter Kombination von Wollertrag und Fleischansatz.

Merinoschafrassen gibt es in Deutschland erst seit 1765, als die ersten spanischen Merinos eingeführt wurden. Bis 1751 galt in Spanien ein Gesetz, die so genannte »Mesta«, das die Ausfuhr dieser Schafe unter Todesstrafe stellte. Seit dem Mittelalter besaß der spanische König das Monopol über diese begehrte Wolle; sie war einzigartig auf dem Weltmarkt und stellte deshalb eine wichtige Einnahmequelle dar. Die spanischen Merinos mussten in den anderen Ländern mit schlichtwolligen Landrassen gekreuzt werden, da das raue, feuchte Klima des Nordens der superfeinen Wolle nicht bekommt. Während z. B. in England und Irland Merino-Kreuzungen überhaupt keinen Erfolg hatten, gedeihen die echten Merinos in Australien wunderbar.

Milchschafe

Milchschafe, eigentlich den Landschafrassen zugehörig, sind eine Ausnahme und bilden eine eigene Kategorie. Der große Unterschied zu all den anderen Rassen besteht in ihrem großen Euter und der viel größeren Milchmenge, welcher das Hauptinteresse gilt. Weltweit gibt es viele Milchschafrassen, die besonders in ärmeren Gegenden der Dritten Welt große Bedeutung besitzen.

Das Ostfriesische Milchschaf erbringt jedoch die weitaus höchste Milchleistung, ist dafür aber anspruchsvoller im Futter. Es entstammt den nordwesteuropäischen Marschschafen und fühlt sich in den feuchten, kühleren Küstenregionen Norddeutschlands am wohlsten. In trockenem, warmem oder gar heißem Klima gedeiht es schlecht, Milchleistung und Wollqualität fallen stark ab. Deshalb sind Versuche, das Ostfriesische Milchschaf in Ländern der Dritten Welt anzusiedeln, bisher wenig erfolgreich. In Europa wird es jedoch wegen seiner hohen Fruchtbarkeit und seines großen Knochenbaus gerne zur Einkreuzung bei Fleischschafen verwandt.

Milch – das bedeutet, täglich zweimal melken, mit Hand oder Maschine. Dieser enge Kontakt zwischen Mensch und Tier verändert das schaftypische Verhalten; Milchschafe sind weniger scheu und zeigen oft regelrecht individuelle Charakterzüge. Sie lassen sich sehr gut in kleinen und kleinsten Gruppen halten. Doch Milchproduktion kostet Energie. Deshalb brauchen Milchschafe qualitativ gutes Weideland und Heu sowie Kraftfutterzugaben, um die vermehrte Leistung erbringen zu können.

Die gängigen Schafrassen in Deutschland

Es folgt eine Kurzvorstellung der Schafrassen, um dem Leser eine Vergleichsmöglichkeit zu bieten. Leider fand sich bei manchen Rassen für einige wenige Punkte kein statistisches Material. Zum Stichpunkt Wolle: A, B, BC usw. bezeichnen die Wollfeinheit, d. h. den Wollhaardurchmesser. A = sehr fein, E = grob. Unter Rendement versteht man den Reinwollgehalt nach gründlichem Auswaschen der Rohwolle.

Ferner ist unter dem Begriff der saisonalen Brunst zu verstehen, dass der Deckakt nur im Herbst stattfinden kann, die Lämmer also entsprechend im späten Winter oder zeitigen Frühjahr geboren werden. Eine asaisonale Brunst bedeutet dagegen jahreszeitliche Unabhängigkeit, meist ist sie im Frühjahr oder Herbst. Hier kann es also zu zwei Geburten im Jahr kommen, sofern das Muttertier kräftig genug dafür ist. Der Ausdruck Erstzulassung ist als ungefährer Anhaltspunkt für den Zeitpunkt der ersten Trächtigkeit zu verstehen.

Die Lammergebnisse der einzelnen Rassen sind statistische Werte und werden in Prozenten ausgedrückt. Sie sollen anzeigen, in welchem Umfang sich eine Herde im Jahr vergrößern kann. 100 % stehen für ein Lamm pro Muttertier, 200 % für Zwillinge. Die Zwischenwerte geben die entsprechenden Tendenzen zu Einzel- oder Mehrlingsgeburten an.

Heidschnucke

❍ **Lebensraum:** Graue Gehörnte Heidschnucke in der Lüneburger Heide, Weiße Gehörnte Heidschnucke im Emsland und Oldenburger Land, Weiße Hornlose Heidschnucke (Züchtung) in Norddeutschland, Skudde (fast ausgestorben) in Pommern und Ostpreußen.

❍ **Erscheinungsbild:** kleiner, zierlicher Körperbau, kurzer Schwanz, Mütter und Böcke gehörnt (Weiße Hornlose ist ungehörnt), sehr langes, strähniges Wollkleid; Graue Gehörnte Heidschnucke hat schwarzen Kopf und schwarze Beine, Fell verfärbt sich über die Jahre von schwarz nach grau.

❍ **Wolle:** mischwollig, E, wegen der Länge schnell verfilzt, je nach Art schwarz bis hellgrau oder weiß, Schurgewicht 1,5 bis 3 kg.

❍ **Haltungsform:** hüten oder Koppel, kleiner Bestand gut möglich.

❍ **Futter:** sind mageres Futter von sauren Böden gewöhnt, besseres, saftiges Futter erfordert auf jeden Fall ausreichende Raufutterbeigabe, kein Kraftfutter; sind sehr genügsam und gedeihen in ihrer ursprünglichen Umgebung am besten, die Graue Schnucke auf trockenem, sandigem Heideboden, die Weißen Arten in feuchten, moorigen Gebieten.

❍ **Gewicht:** Böcke 60 – 75 kg, Muttern 40 – 45 kg, Lammböcke um 36 kg (Lebendgewicht), Fleisch sehr mager, wildbretartiger Geschmack.

❍ **Brunst:** saisonal.

❍ **Lammergebnis:** unter 100 %, Weiße Hornlose Heidschnucke 110 %.

❍ **Erstzulassung:** Graue Gehörnte Heidschnucke 18 Monate, Weiße Hornlose Heidschnucke 6 Monate.

❍ **Besonderheiten:** wichtig für die Erhaltung der Heide.

Bentheimer Schaf

Landschafrasse, die in ihrer heutigen Form seit 1934 besteht.

❍ **Lebensraum:** Emsland, Bentheim, Lingen, in Marsch und Heide.

❍ **Erscheinungsbild:** ramsnasiger Kopf mit schwarzen Pigmentflecken um die Augen und an den Ohrenspitzen, relativ klein, hochbeinig.

❍ **Wolle:** weiß, schlichtwollig, DE – E, 3 – 4 kg pro Muttertier.

❍ **Haltungsform:** hüten und Koppel.

❍ **Futter:** genügsam.

- **Gewicht:** Böcke 75 – 80 kg, Muttern 50 – 60 kg, Lämmer etwa 40 kg.
- **Brunst:** saisonal.
- **Lammergebnis:** 150 %.

Fuchsschaf ×
- **Lebensraum:** Franken und Thüringen, heute auch im Mittelgebirge.
- **Erscheinungsbild:** Kopf ist unbewollt und wie die Beine rotbraun, relativ kleiner Körperbau; Lämmer werden mit rotbraunem Vlies geboren, die Färbung verliert sich aber nach einigen Wochen.
- **Wolle:** schlichtwollig, B – BC, das weiße Vlies ist mit vielen einzelnen rotbraunen Haaren versetzt, was es golden wirken lässt.
- **Haltungsform:** Koppel, Wanderhaltung, Stall.
- **Futter:** magere Wiesen; bei besserer Fütterung werden entsprechend höhere Schlachtgewichte erreicht.
- **Gewicht:** Böcke 60 – 90 kg, Muttern 50 – 60 kg.
- **Brunst:** saisonal.
- **Erstzulassung:** 9 – 18 Monate.

Rhönschaf ×
- **Lebensraum:** ursprünglich die Rhön, heute in Mittelgebirgslagen.
- **Erscheinungsbild:** Kopf ist schwarz, leicht ramsnasig und unbewollt (ganz leichter Schopf möglich); die Beine sind weiß und unbewollt, braune bis schwarze Halskrause, relativ kleiner Körperbau.
- **Wolle:** schlichtwollig, bis 16 mm lang, weiß, glänzend, C – CD, 50 – 60 % Rendement, 3 – 4,5 kg Schurgewicht bei Muttern, 5 – 6 kg bei Böcken.
- **Haltungsform:** gute Wanderschafe, hüten, auch Weidehaltung.
- **Futter:** magere, auch feuchte Wiesen, Waldweide, besseres Schlachtgewicht bei besserer Weide.
- **Brunst:** saisonal, lang anhaltend.
- **Lammergebnis:** 120 – 150 %.
- **Erstzulassung:** 16 – 18 Monate.

Deutsches Bergschaf
- **Lebensraum:** Alpen, Allgäu, Gebirge.
- **Erscheinungsbild:** unbewollter Ramskopf mit Hängeohren, mittelgroßer Körperbau, harte Klauen, weiße und braune Tiere.
- **Wolle:** schlichtwollig und sehr lang, Weiß- und Brauntöne bis hin zu schwarz, C – D, 4,5 – 5,5 kg Schurgewicht.

❍ **Haltungsform:** hüten, besonders für Hochgebirge (Kletterpartien) geeignet, auch Koppelhaltung möglich.
❍ **Futter:** durchschnittliche Ansprüche, Almwiesen.
❍ **Gewicht:** Böcke 70 – 100 kg, Muttern 60 – 70 kg.
❍ **Brunst:** asaisonal.
❍ **Erstzulassung:** 10 – 12 Monate.
❍ **Besonderheiten:** Trittsicherheit und Schwindelfreiheit sind rassetypische Merkmale und erlauben das Überleben in den extremen Bedingungen des Hochgebirges. Das lange, grobe Vlies leitet das Regenwasser gut ab. Sie leisten Naturschutz, indem sie den Boden vor Auswaschung bewahren.

Karakul

Das Karakul ist eigentlich ganz selten in Deutschland, weil es aber die schwarze Wollfarbe dominant vererbt, ist es für die Rückzüchtung für braune Herdbücher von Bedeutung. Karakuls sind Fettschwanzschafe.
❍ **Lebensraum:** Vorderer Orient, Persien, auch Südafrika.
❍ **Erscheinungsbild:** ramsnasig, abschüssige Kruppe, viereckiges Fettpolster am Schwanz, kleiner Körperbau, harte Klauen, Hörner.
❍ **Wolle:** mischwollig, E, Rendement 60 %, 2 – 3 kg Schurgewicht (werden aber zweimal im Jahr geschoren), Lämmer schwarz, mit zunehmendem Alter färbt sich die Wolle immer grauer bis hin zu weißgrau.
❍ **Haltungsform:** Wanderschafe, auch Koppelhaltung; sind nicht an unser feuchtes Klima angepasst, dadurch Gefahr von Moderhinke und starker Verwurmung.
❍ **Futter:** Trockenwiesen, Heu, Stroh, wenig anspruchsvoll.
❍ **Gewicht:** Böcke 50 – 70 kg, Muttern 40 – 60 kg.
❍ **Brunst:** asaisonal.
❍ **Lammergebnis:** um 100 %.
❍ **Besonderheiten:** Die Felle der ungeborenen Karakullämmer kennen wir als Persianerpelz. Dafür wurden die hochtragenden Muttertiere (Muttern) kurz vor der Geburt geschlachtet und den Lämmern sofort das Fell abgezogen. Heute ist das verboten und die Lämmer werden sofort nach der Geburt getötet. Die Pelze haben dadurch ein anderes Aussehen erhalten, die Locken sind weniger fest, der Pelz ist weicher und flauschiger. In der Dritten Welt werden Karakulschafe zur Pelzgewinnung gehalten.

Leineschaf ✓
Das Leineschaf, ursprünglich den Landschafrassen zugehörig, ist durch Einkreuzung von Texel- und Milchschaf zu einem robusten Fleischschaf geworden.

- **Lebensraum:** ursprünglich Rheinebene und Leinetal, heute überall, aber hauptsächlich Norddeutschland.
- **Erscheinungsbild:** unbewollter Kopf, dichtes Vlies, langer, breiter Körperbau.
- **Wolle:** weiß, schlichtwollig, lang, BC - CD, 48 % Rendement, Schurgewicht: Böcke 5,5 - 6,5 kg, Muttern 3,5 - 4 kg.
- **Haltungsform:** gute Wanderschafe, widerstandsfähig, durch Einkreuzung von Texelschaf auch Koppelhaltung sehr gut möglich, nicht moderhinkeanfällig, mittlere und kleine Herden.
- **Futter:** relativ anspruchslos mit guter Entwicklung, nachweiden.
- **Gewicht:** Böcke 100 - 125 kg, Muttern 55 - 65 kg.
- **Brunst:** nicht streng saisonal, frühreif.
- **Lammergebnis:** 170 %.
- **Erstzulassung:** 7 - 8 Monate.
- **Besonderheiten:** leichte Lammungen, frohwüchsig, anpassungsfähig.

Deutsches weißköpfiges Fleischschaf (Eiderschaf)
Das Weißkopf ist durch Kreuzungen von Marschschafen mit englischen Cotswold entstanden und wird seit 1930 unter dieser Rassebezeichnung geführt.

- **Lebensraum:** Nordseeküste.
- **Erscheinungsbild:** bewollter Kopf, großer Körperbau.
- **Wolle:** weiß, schlichtwollig, lang, D - DE, Rendement 65 %, Schurertrag bei Muttern 5 – 6 kg, auch braune Zuchten wieder im Kommen.
- **Haltungsform:** Deichschäferei, hüten, kein Stall notwendig, Koppelhaltung, mittlere bis große Herden, feuchtes Klima.
- **Futter:** Marschweiden, Nachweiden von Kohlfeldern, satte Wiesen, relativ hohe Futteransprüche, Lämmer auch zur Mast geeignet.
- **Gewicht:** Böcke 135 kg, Muttern 85 kg, Lämmer 40 – 50 kg, ziemlich fettes Fleisch.
- **Brunst:** saisonal, lang.
- **Lammergebnis:** 190 %.
- **Erstzulassung:** 9 - 18 Monate.

Deutsches schwarzköpfiges Fleischschaf

Diese Rasse gibt es seit 1870, sie wurde jedoch immer weiter züchterisch bearbeitet. Das Schwarzkopf macht knapp 20 % des deutschen Schafbestandes aus.

- **Lebensraum:** überall in Deutschland, kann viel Niederschlag vertragen.
- **Erscheinungsbild:** Kopf und Beine schwarz, weißer Wollschopf, ausgeglichenes weißes Vlies, Lämmer schwarz, mittelgroß, großer, breiter Rahmen, kräftige Beine.
- **Wolle:** weiß, manchmal meliert, schlichtwollig, relativ kurz, BC – CD, 60 % Rendement, Schurgewicht: Böcke 5 – 6 kg, Muttern 4 – 5 kg.
- **Haltungsform:** Wanderschafe, Koppelhaltung, auch Mast, robuste Rasse, kleine und große Herden.
- **Futter:** mittlere bis gute Futterverhältnisse, gute Futterverwerter, langer Weidegang, Gefahr der Verfettung bei zu wenig Bewegung gilt besonders für Lämmer.
- **Gewicht:** Böcke 120 kg, Muttern 75 kg.
- **Brunst:** saisonal, lang anhaltend.
- **Lammergebnis:** 180 %.
- **Erstzulassung:** 9 Monate.
- **Besonderheiten:** frühreif.

Blauköpfiges Fleischschaf

Relativ neue Züchtung aus französischen Bleue-du-Maine-Schafen.

- **Erscheinungsbild:** Kopf und Beine bläulich gefärbt und unbewollt, zierlicher Körperbau, hochbeinig.
- **Wolle:** weiß, schlichtwollig, auch braune bis schwarze Züchtungen.
- **Haltungsform:** Koppelhaltung, kälteempfindlich besonders Lämmer.
- **Futter:** gutes und reichliches Futter, Kraftfutterzugaben, weil Zwillinge normal, Drillinge häufig sind.
- **Brunst:** saisonal.
- **Lammergebnis:** 200 %.

Texelschaf

Das Texel wurde erst 1962 aus Holland nach Deutschland eingeführt. Damit begann hier die Koppelschafhaltung, welche die bis dahin übliche Wanderschäferei fast völlig verdrängte. Knapp 10 % des deutschen Schafbestandes sind heute Texel.

- **Lebensraum:** ursprünglich Marschwiesen in Holland, heute überall in Deutschland verbreitet.

❍ **Erscheinungsbild:** unbewollter Kopf, schwarze Pigmentflecken im Gesicht, kurzer Hals, sehr kräftige Bemuskelung.
❍ **Wolle:** weiß, schlichtwollig, C – CD, Muttern 4 – 5 kg Schurgewicht.
❍ **Haltungsform:** Koppelhaltung, auch Einzelschafhaltung möglich, Mast.
❍ **Futter:** stellt sehr hohe Ansprüche, Kraftfutterzugaben, reichlich Weideland.
❍ **Gewicht:** Böcke 100 – 120 kg, Muttern 60 – 80 kg, wenig Fett.
❍ **Brunst:** saisonal.
❍ **Lammergebnis:** 180 %.
❍ **Erstzulassung:** 9 Monate.

Suffolk

Diese englische Rasse gewinnt in Deutschland immer mehr Bedeutung als Fleischschaf. Suffolkböcke werden gerne eingekreuzt, um die Bemuskelung vorhandener Fleischschafrassen zu verbessern.
❍ **Lebensraum:** die Lowlands von England, feuchtes, regnerisches Klima.
❍ **Erscheinungsbild:** Kopf und Beine schwarz und unbewollt, relativ kleiner, gedrungener Körperbau, sehr fleischig, volle Keulen.
❍ **Wolle:** weiß, schlichtwollig, sehr kurz, AB – C.
❍ **Haltungsform:** Koppel, Stall, Mast, langer Weidegang möglich.
❍ **Futter:** viel satte Wiese, Kraftfutterzugaben.
❍ **Gewicht:** Böcke 90 – 110 kg, Muttern 60 – 80 kg.
❍ **Brunst:** saisonal, sehr frühreif.
❍ **Erstzulassung:** 9 – 18 Monate.

Merinolandschaf

Das Merinolandschaf besteht in seiner heutigen Zuchtform seit 1934 und macht den Großteil des deutschen Schafbestandes (gut 30 %) aus.
❍ **Lebensraum:** vorwiegend Süddeutschland.
❍ **Erscheinungsbild:** stark bewollter Kopf, keine Hautfalten, breiter Rücken, Keulen innen gut bemuskelt, relativ kurze, kräftige Beine, leicht hängende Ohren.
❍ **Wolle:** weiß, feine Wolle (25 – 28 My), A/AB – B, kurz, Schurgewicht von Muttern 4 – 5 kg.
❍ **Haltungsform:** ausgezeichnetes Wanderschaf, auch für Koppelhaltung oder Mast geeignet, keine großen Anforderungen an Stall, winterlicher Weidegang möglich, große Herden.
❍ **Futter:** stellt mittlere Ansprüche, guter Futterverwerter.
❍ **Gewicht:** Böcke 110 – 140 kg, Muttern 70 – 80 kg.

❍ **Brunst:** asaisonal, bei guter Fütterung und schnell abgesetzten Lämmern drei Lammungen in zwei Jahren möglich.
❍ **Lammergebnis:** 150 – 180 %.
❍ **Erstzulassung:** 8 – 18 Monate.

Merinolangwollschaf

Das Merinolangwollschaf ist ein interessantes Ergebnis züchterischer Bemühungen in der ehemaligen DDR mit einer guten Kombination vom Woll- und Fleischertrag. Es ist durch Kreuzung des Merinolandschafes mit international bekannten Langwollrassen entwickelt worden und stellt um die 14 % des deutschen Schafbestandes dar.
❍ **Lebensraum:** Mittelgebirgslagen und Ackerbaugebiete in Thüringen und Sachsen.
❍ **Erscheinungsbild:** ein mittelrahmiges, langes und tiefes Tier mit guter Bemuskelung, frohwüchsig und fruchtbar. Wollbesatz auch an Bauch und Flanken.
❍ **Wolle:** weiß, halbfeine Wolle (26 – 32 My) von guter Länge, zur Herstellung von Kammgarn geeignet, Schurgewicht von Muttern 4 – 5 kg.
❍ **Haltungsform:** geeignet für ausgedehnten Weidegang, Nachpferch und Einsatz in der Landschaftspflege. Große Herden.
❍ **Futter:** stellt mittlere Ansprüche, guter Futterverwerter.
❍ **Gewicht:** Böcke 110 – 140 kg, Muttern bis 90 kg.
❍ **Brunst:** asaisonal.
❍ **Lammergebnis:** 150 %.

Merinofleischschaf

Das Merinofleischschaf geht in seiner heutigen Zuchtform auf das Jahr 1860 zurück. Es trägt feinste Wolle und verträgt deshalb kein regenreiches Klima.
❍ **Lebensraum:** Niedersachsen, Ostdeutschland, Polen.
❍ **Erscheinungsbild:** stark bewollter Kopf, evtl. Hornansatz bei Böcken sichtbar, bewollte Beine, Hautfalten am Hals, langer, breiter Körperbau, innen und außen kräftig bemuskelte Keulen.
❍ **Wolle:** weiß, feinste deutsche Qualität (24 – 28 My), A – AB, Rendement 42 %, Schurgewicht: Böcke 7 – 10 kg, Mütter 4 – 5 kg, Stapellänge 8 – 10 cm.
❍ **Haltungsform:** Wanderschafe, vorzugsweise aber Koppelhaltung, Mast, in regenreichen Gegenden oder Regenperioden gut gelüfteter, geräumiger Stall erforderlich, um die Wollqualität zu erhalten, große Herden.

- **Futter:** sehr gutes Futter, Nachweiden in landwirtschaftlich genutzten Gebieten (Rüben, Zuckerrüben usw.), Kraftfutterzugaben.
- **Gewicht:** Böcke 120 - 140 kg, Muttern 70 - 80 kg, Bocklämmer 90 kg, weibliche Lämmer 60 kg, gute Schlachtkörperausbeute.
- **Brunst:** asaisonal, drei Lammungen in zwei Jahren möglich.
- **Lammergebnis:** 160 - 190 %, je nach Haltungsform.
- **Erstzulassung:** 12 Monate.

Das Ostfriesische Milchschaf

Die frühesten Aufzeichnungen über das Milchschaf wurden in den vatikanischen Archiven gefunden und datieren aus dem Jahr 1530.

- **Lebensraum:** Nordniedersachsen, Nordseeküste; heute aber überall in Deutschland verbreitet.
- **Erscheinungsbild:** unbewollter Kopf und (einzigartig!) unbewollter Schwanz (bestes Erkennungszeichen), sehr großer Körperbau, hochbeinig, leicht ramsnasig, großer Euter mit langen nach unten weisenden Strichen, auch braune und dunkelbraune Züchtungen.
- **Wolle:** weiß, braun, dunkelbraun, meliert, grau bei alten braunen Tieren, schlichtwollig, lang, 70 % Rendement, C - CD, Schurgewicht: Böcke 5 - 6 kg, Muttern 4 - 5 kg.
- **Haltungsform:** Koppel und Stallhaltung kombiniert, geräumiger Stall, kleine Herde (nicht über 25 Tiere), Einzelschafhaltung (2 - 4 Tiere) sehr gut möglich, bevorzugt feuchteres Klima und flaches Land, entwickelt sich aber auch in mittleren Gebirgslagen zufriedenstellend.
- **Futter:** aufgrund der Milchproduktion braucht es bestes Futter, Kleewiesen, feines Heu, Kraftfutter, Saftfutter; anspruchsvoll.
- **Gewicht:** Böcke 90 - 120 kg, Muttern 60 - 90 kg, sehr mageres Fleisch.
- **Brunst:** asaisonal.
- **Lammergebnis:** 220 - 230 %, oft Drillinge, auch Vierlinge möglich, durch die große Milchmenge normalerweise keine Aufzuchtprobleme.
- **Erstzulassung:** 8 - 10 Monate.
- **Besonderheiten:** Das Milchschaf wird gerne in andere Rassen eingekreuzt wegen seines großen Rahmens, seiner Frohwüchsigkeit und hohen Fruchtbarkeit.
  Es produziert bis zu 700 kg Milch im Jahr, d. h., ein Milchschaf muss gemolken werden, sonst stirbt es an Euterentzündung.

Alte und gefährdete Schafrassen in Deutschland

Bis auf die Graue Gehörnte Heidschnucke und das Weiße Bergschaf sind alle bei uns vorkommenden Landschafrassen in ihrem Bestand bedroht (siehe auch Seite 38f.). Wäre das nicht ein Grund, sich beim Neuaufbau einer kleinen Schafhaltung auf diesem Gebiet zu engagieren? Die Landschafrassen der eigenen Region sind eigentlich die idealen Tiere, denn sie haben sich im Laufe ihrer Entwicklung den spezifischen Gegebenheiten bestens angepasst.

Hier ein kleiner Überblick der gefährdeten Rassen:

- **Küstenregion:** Rauhwolliges Pommersches Landschaf.
- **Heide und Moor:** Weiße Gehörnte Heidschnucke, Bentheimer Landschaf, Skudde, Moorschnucke.
- **Mittelgebirge:** Rhönschaf, Coburger Fuchsschaf, Waldschaf.
- **Alpen und Voralpen:** Steinschaf, Braunes Bergschaf, Brillenschaf.

Hilfe beim Aufbau solch einer Schafhaltung erhält man von den örtlichen Schafzuchtverbänden und von der Gesellschaft zur Erhaltung alter und gefährdeter Haustierrassen e.V. (GEH) (Adressen siehe Anhang, Seite 174ff.).

Aufbau einer Schafhaltung

Erste Überlegungen

Wer mit dem Gedanken spielt, ein paar Schafe zu halten, muss vorher unbedingt die eigene Bereitschaft ausloten, mit den Tieren im Notfall auch durch dick und dünn zu gehen. Die beabsichtigte Partnerschaft hat nämlich mitunter auch ihre unangenehmen und lästigen Seiten. Die Schafe können erkranken, sich verletzen oder Schwierigkeiten bei den Geburten haben. Wird das Futter auf der Wiese knapp, so versuchen sie an welches heranzukommen; an einer undichten Stelle schlüpfen sie durch den Zaun und fallen über Nachbars Feld oder Garten her. Dies sind nur einige der möglichen Tiefschläge. Enttäuschungen und Überraschungen gehören ebenso zur Schafhaltung wie die positiv bewerteten Aspekte. Zu beidem muss man bereit sein.

Außerdem bedeutet Schafhaltung auch Arbeit. Man kann die Tiere nicht völlig sich selbst überlassen, sie sind auf unsere Fürsorge angewiesen. Selbst wenn die Tiere im Sommer auf einer saftigen Wiese stehen, sollte man doch mindestens täglich einmal nach ihnen schauen, um sofort handeln zu können, falls etwas nicht stimmt, oder um ihnen frisches Wasser zu bringen. Und im Winter müssen die Schafe täglich gefüttert werden. Die tägliche Anwesenheit eines Menschen ist also erforderlich und das muss ebenfalls bedacht werden. Die eigene Lebensführung wird dabei möglicherweise eingeengt, zur Urlaubszeit muss man jemanden finden, der die Tiere versorgt. Doch im Allgemeinen lassen sich diese Probleme so regeln, dass die Schafe nicht zur Last fallen.

Genaue Angaben über die für die Schafe aufzubringende Arbeitszeit lassen sich nur schwer machen, da dies von vielen einzelnen Faktoren abhängt. So können die Beschaffenheiten der Wiese oder des Stalles die Arbeit ungemein erschweren; die Voraussetzungen für eine Schafhaltung sind nicht immer ideal. Manchmal gehen ganze Tage für die Schafe drauf, so bei der Schur oder falls Heu geerntet oder anderes Winterfutter angebaut werden soll. Im Sommer wird jedoch die meiste Zeit auf das tägliche Beobachten der Tiere nach Unregelmäßigkeiten verwendet, etwa eine Viertelstunde sollte man pro Tag schon einkalkulieren. Das ist der angenehmste Teil der Schafhaltung, der zugleich eine tiefe Entspannung bringen kann und den Alltagsstress für eine Weile vergessen lässt.

Größer wird der Arbeitsaufwand im Winter, wenn die Tiere längere Zeit im Stall versorgt und gefüttert werden müssen. Hier hängt vieles davon ab, wie gut es jemand versteht, die verschiedenen Arbeitsabläufe zu organisieren. Der Arbeitsaufwand kann dadurch relativ klein gehalten werden. Trotzdem muss täglich dafür vielleicht eine Stunde veranschlagt werden, wobei es keinen großen Unterschied bedeutet, ob nun vier, zehn oder zwanzig Tiere zu versorgen sind. Doch auch die Stallversorgung kann Spaß machen und einen Ausgleich zum übrigen Alltag bringen.

Eine Besonderheit stellt immer wieder das Milchschaf dar – auch im Arbeitsaufwand. Während der Melkperiode muss es regelmäßig zweimal täglich gemolken werden und zwar zu halbwegs festen Zeiten. Das heißt: Man muss sich einem bestimmten Rhythmus unterordnen, muss jeden Morgen und jeden Abend zu Hause sein, und das vom frühen Frühjahr bis zum späten Herbst. Milchschafe sind nichts für Menschen, die viel unterwegs sind oder häufig verreisen wollen. Sie erfordern eine besondere Aufmerksamkeit und Pflege, zu der man bereit sein muss. Dafür wird man von ihnen aber auch überaus reichlich mit einer hervorragenden Milch und einer außergewöhnlichen Zutraulichkeit belohnt.

Ich habe an dieser Stelle die negativen Aspekte der Schafhaltung bewusst hervorgehoben. Bevor man eine Partnerschaft mit Schafen beginnt, sollte man sich gerade mit diesen Punkten intensiv auseinandersetzen. Denn man erlebt es immer wieder, dass sich Menschen leichtfertig irgendwelche Tiere anschaffen, ohne sich vorher die stets auch vorhandenen negativen Seiten klar zu machen. Die Enttäuschung setzt dann bald ein und wird groß; zur anfänglichen Liebe gesellt sich der Hass. Weder Tier noch Halter können so miteinander glücklich werden. Bedenken muss man auch, dass Tiere Lebewesen sind und keine modernen Konsumartikel, die man bei Nichtgefallen vernachlässigen oder wegwerfen kann.

Wem es schwerfällt, das Für und Wider einer Schafhaltung mit den vorhandenen Gegebenheiten allein einzuschätzen, dem sei der Gang zu einem Fachmann empfohlen. Das kann jemand in der Nähe sein, der selber Schafe hält oder eine Beratungsstelle des zuständigen Schafzuchtverbandes. In manchen Gegenden werden sogar Volkshochschulkurse zum Thema angeboten. Sie beinhalten auch einen praktischen Teil, bei dem Tätigkeiten wie das Scheren oder das Klauenschneiden erlernt werden können. Solche Kurse stehen auch bei einigen Schafzuchtverbänden auf dem Programm und sind meist so gut besucht, dass sich ausgiebig Gelegenheit bietet, Erfahrungen anderer Schafhalter einzuholen. So gerüstet lässt sich die eigene Situation gut einschätzen und häufig lernt man bei dieser Gelegenheit auch noch Schafhalter aus der weiteren Nachbarschaft näher kennen. Das sind Kontakte, die noch sehr wichtig werden können.

Wenn der prinzipielle Entschluss, Schafe zu halten, gefasst ist, müssen zunächst noch weitere Fragen geklärt werden:

Wie viele Schafe kann ich halten?

Diese Frage hängt natürlich in erster Linie von der Fläche und dem Zustand der zur Verfügung stehenden Wiesen und des Stalles ab, trotzdem möchte ich jedem Anfänger raten, möglichst klein zu beginnen. Auch wenn ein Angebot, mehrere Tiere günstig zu übernehmen, gerade so verlockend erscheint, so ist es doch wesentlich klüger, mit vielleicht drei oder vier Tieren anzufangen, um langsam in die Schafhaltung hineinzuwachsen. Es gibt leider zu viele Beispiele dafür, wie sich Leute gleich zu Beginn mit einer zu großen Anzahl an Tieren übernommen haben. Schließlich will man ja nicht durch Schaden klug werden, sondern durch Beobachtung der Tiere und durch Übung. Und der Umgang mit ihnen soll Spaß machen und nicht zur Last werden.

Für den Plan, die Schafhaltung auszudehnen, können folgende Werte als Anhaltspunkte dienen:

- Höchstens zehn Mutterschafe mit Nachwuchs können auf einem Hektar (10.000 qm) gutem Weideland gehalten werden, dabei kann auch noch ein Teil der Winterfuttervorräte gewonnen werden.
- Höchstens fünf Schafe mit Nachwuchs können auf einem halben Hektar gutem Weideland gehalten werden, Winterfutter wird hier kaum noch gewonnen werden können.
- Zwei Schafe mit Nachwuchs brauchen mindestens 2000 qm Weideland, eventuell wird man früh zufüttern müssen.

Diese Werte sind wie gesagt nur als grobe Anhaltspunkte zu verstehen, denn zum einen ist der Zustand der Wiese ausschlaggebend, zum anderen die Futteransprüche der gewählten Schafrasse. Letztere lassen sich der Auflistung der Schafrassen unter dem Stichwort »Futter« entnehmen. Als dritter Faktor spielt auch noch die Anzahl der Lämmer für den Besatz der Wiese eine Rolle. Es lassen sich also keine verbindlichen Zahlen nennen. Ein Grund mehr, langsam und klein in die Schafhaltung einzusteigen. Man muss seine Erfahrungen allmählich sammeln. Man beginne mit wenigen Tieren und beobachte übers Jahr, ob diese auf der vorhandenen Wiese satt werden.

Welche Rasse ist für mich die geeignete?

Die Beantwortung dieser Frage ergibt sich aus dem genauen Studium der Rassenübersicht. Es soll hier nur noch einmal darauf hingewiesen werden, dass nicht jede Rasse an jedem Ort gedeiht. Am dankbarsten werden sicher die Rassen sein, die auch ringsum in der Gegend gehalten werden; das sind nämlich die an die Landschaft und das Klima angepassten Rassen. Wer sich unbedingt auf Experimente einlassen will, fragt am besten Schafhalter aus der Umgegend nach ihrer Meinung.

Für den Anfang sind robuste, problemlose Tiere am sinnvollsten. Das heißt auch, dass man nicht nach den edelsten Zuchtschafen Ausschau hält, denn diese sind nicht nur außergewöhnlich teuer, sondern meist auch empfindlicher als ihre weniger hochgezüchteten Artgenossen. Nicht die Superlative, sondern der Durchschnitt ist für den Anfang das Richtige.

Wo erhalte ich die geeigneten Schafe?

Ideal ist es, wenn man mit einem Schafhalter befreundet ist und von diesem zur gegebenen Zeit die gewünschten Schafe erhalten kann. Ein Tierkauf ist nämlich immer auch eine Vertrauenssache und leider erlebt man es gelegentlich, dass Schafe verkauft werden, die krank sind oder andere Mängel aufweisen. Hinterher wird es schwierig, den Kauf rückgängig zu machen, und der Schaden ist besonders groß, wenn bereits vorhandene Schafe angesteckt werden. Ich achte auch stets darauf, neue Tiere aus einem Maedi-Visna-unverdächtigen Bestand zu beziehen (siehe auch Seite 162).

In jedem Fall heißt es »Augen auf«. Um das Risiko eines Fehlkaufs gering zu halten, schaut man sich dort nach Schafen um, wo es sich niemand erlauben kann, einen zu betrügen. Das ist wieder einmal in der näheren Umgebung. Dort will kein Schafhalter seinen guten Ruf verlieren. So kann man interessante Angebote im Anzeigenteil der zuständigen Regionalzeitung finden oder durch Vermittlung befreundeter Schafhalter ans Ziel gelangen.

Man sieht, wie wichtig der Kontakt zu den benachbarten Kollegen ist. Unter Umständen werden sie einem sogar helfen, die richtigen Tiere auszuwählen. Besonders Anfänger sind auf ihren Rat angewiesen. Außerdem verschafft man sich durch diese Kontakte einen Überblick und Anregungen zur Haltungsweise und sammelt Erfahrungen darin, wie einzelne Schafe beurteilt werden.

Schafe werden häufig auch auf Tierschauen und Auktionen angeboten, auf Letzteren besonders die edleren Tiere. Der Nachteil bei solchen Käufen ist, dass man im Allgemeinen nichts darüber erfährt, wie die Tiere bisher gehalten wurden. Das jedoch kann einiges über den Zustand der Tiere aussagen. Abraten würde ich in jedem Fall davon, ein Schaf zu kaufen, ohne es gesehen zu haben. Der persönliche Eindruck sollte bei der Anschaffung der Tiere mit ausschlaggebend sein.

Wann ist der günstigste Zeitpunkt, um mit einer Schafhaltung zu beginnen?

Vieles spricht dafür, mit einer Schafhaltung im Frühjahr oder Frühsommer zu beginnen. Zum einen befinden sich die Wiesen im vollen Wachstum, sie können also genutzt werden, es entstehen keine hohen Futterkosten. Zum anderen – und das ist ein stichhaltiges Argument – liegt die Weidesaison noch vor einem und damit die große Chance, ausgiebig Erfahrungen zu sammeln. Fehler kann man während der Weidesaison weit weniger machen als im Winter, wenn die Tiere im Stall versorgt werden müssen. Der Nachteil beim Schafkauf zu Beginn der Saison ist der meist hohe Preis für gute Tiere. Sie werden außerdem nur relativ selten angeboten, denn wer sie den langen Winter über durchgefüttert hat, will sie meist behalten.

Preiswerter werden Schafe dagegen im Herbst oder kurz vor dem Winter abgegeben. Hier ist das Angebot am größten, denn wer Schafe abgeben will, tut es aus rechnerischen Gründen spätestens zu diesem Zeitpunkt, bevor die Winterfütterung beginnt. Manchen Notverkauf wird man um diese Jahreszeit erleben, und wer mit seiner Schafhaltung gänzlich aufhören will, tut es meist jetzt. Die Angebote sind verlockend, trotzdem möchte ich davon abraten, kurz vor dem Winter mit einer Schafhaltung zu beginnen. Im Stall sind die Tiere allein auf den Menschen angewiesen. Sie haben keine Gelegenheit, Fütterungsfehler auszugleichen, wie sie das auf der Wiese im Sommer können. Zusätzlich werden die weiblichen Tiere trächtig sein und in nicht allzu ferner Zeit ablammen. Da ist vom Halter eine besondere Aufmerksamkeit erforderlich, die schon ein wenig Erfahrung verlangt. Damit einem die Schafhaltung also nicht gleich über den Kopf wächst, ist es ratsam, allmählich reinzuwachsen, und das kann man besser mit einem Start zu Beginn der Weidesaison.

Wie alt sollten die ersten Schafe sein?

Viele Menschen finden es reizvoll, ihre Schafhaltung mit jungen Lämmern zu beginnen, die ungefähr ein viertel Jahr alt sind und von den Muttern abgesetzt werden können. Begründet wird es mit dem Wunsch, dass die Tiere sich von klein auf an einen gewöhnen können. Ganz so einfach ist das jedoch nicht. Übersehen wird dabei nämlich, dass die Lämmer bereits ihren wesentlichen Erziehungsprozess bei der Mutter und in der Herde miterlebt haben. Die Herde und ihr Verhalten sollte man sich genau anschauen, denn dann kennt man auch die Charaktergrundzüge des betreffenden Lammes. Mit dem Kauf eines Lammes bekommt man also kein unbeschriebenes Blatt, und die Gewöhnung an einen Menschen muss nicht unbedingt besser verlaufen als bei einem älteren Tier. Beim Lammkauf gibt es einige schwerwiegende Nachteile zu bedenken: Abgesehen davon, dass die jungen Dinger in den ersten Tagen nervenzermürbend nach ihrer Mutter schreien können, bis sie heiser werden, hat man Tiere vor sich, die, wenn sie das erste Mal gebären, noch recht klein sein werden. Erstlingsgeburten gelten allgemein als etwas schwieriger, die Geburtswege sind noch eng und bei ungewöhnlichen Geburtslagen gibt es schnell Probleme. Bereits die Fütterung der erstmals tragenden Schafe erfordert eine besondere Aufmerksamkeit, damit die Lämmer nicht zu groß werden. Zu den Zeiten, wenn die Geburten erwartet werden, muss man ebenfalls sehr aufmerksam sein, damit man sofort eingreifen kann, falls es zu Schwierigkeiten kommt. Der Vorteil vom Lämmerkauf: Sie werden häufig angeboten und sind vergleichsweise preisgünstig.

Bei Schafen, die bereits eine Geburt hinter sich hatten, entfallen die eben beschriebenen Nachteile. Die Geburten verlaufen in der Regel leichter und sie haben auch bereits erste Erfahrungen in der Aufzucht vom eigenen Nachwuchs. Solche Tiere sind gerade für den Anfänger zunächst am einfachsten zu handhaben.

Die ersten Schafe können durchaus auch unterschiedlich alt sein. Positiv wirkt sich hier aus, dass die jungen Tiere von den älteren lernen können. Besonders bei Geburten kann dies hilfreich sein. Viele Schafhalter wissen davon Geschichten zu erzählen. Auch deshalb ist der Start mit einer eigenen Lämmerherde unvorteilhaft, denn die jungen Tiere sind allein auf ihre Instinkte angewiesen. Als oberste Altersgrenze würde ich vier Jahre ansetzen, älter sollten neu erstandene Tiere nicht sein. Bis dahin lässt sich das Alter anhand der Zähne noch recht genau bestimmen, und man kann mit den Tieren noch ein paar Jahre Freude haben.

Die Altersbestimmung

Der Blick ins Maul verrät am meisten über das Alter eines Schafes. Wie alle Wiederkäuer hat es nur im Unterkiefer Schneidezähne, dafür aber insgesamt acht Stück.

Beim Lamm sind im Alter von drei bis vier Wochen alle acht Milchschneidezähne durchgebrochen. Nach einem viertel Jahr sind sie alle etwa gleich hoch gewachsen und verändern sich bis zum vollendeten ersten Lebensjahr kaum noch (Abb. a).

Mit etwa einem Jahr wird das mittlere Zahnpaar, die so genannte Zange, gewechselt. Die neuen, bleibenden Zähne wachsen übergangslos heraus und lassen sich gut erkennen: Sie sind breiter als die Milchzähne (Abb. b).

Das benachbarte Zahnpaar (die inneren Mittelzähne) wechselt mit etwa eineinhalb Jahren (Abb. c), das dritte (die äußeren Mittelzähne, Abb. d) mit zweieinviertel Jahren und das vierte (die Eckschneidezähne) mit drei bis dreieinhalb Jahren.

Diese Angaben sind nur als Anhaltswerte zu verstehen, denn in der Praxis gibt es davon Abweichungen nach oben und unten. So wechseln allgemein männliche Tiere ihre Zähne eher als weibliche und Tiere frühreifer Rassen (wie das Ostfriesische Milchschaf) eher als Tiere spätreifer Rassen (wie die Heidschnucke). Gut genährte Schafe werden ihre Zähne früher wechseln als schlecht genährte und natürlich gibt es auch individuelle Unterschiede. Trotzdem weiß man beim Blick ins Maul recht gut, woran man bei dem Alter eines Schafes ist; grobe Fehleinschätzungen sind mit dieser Methode nicht möglich.

Im Alter von vier Jahren ist der Zahnwechsel im Allgemeinen abgeschlossen. Die breiten, bleibenden Zähne sind gleich hoch gewachsen und zeigen noch keine Abnutzungserscheinungen. Im weiteren Verlauf ist das Alter schwer zu bestimmen. Es ist nun nur noch am Abnutzungsgrad der Zähne festzustellen – und dazu gehört viel Erfahrung, weil verschiedene Faktoren den Verschleiß beeinflussen.

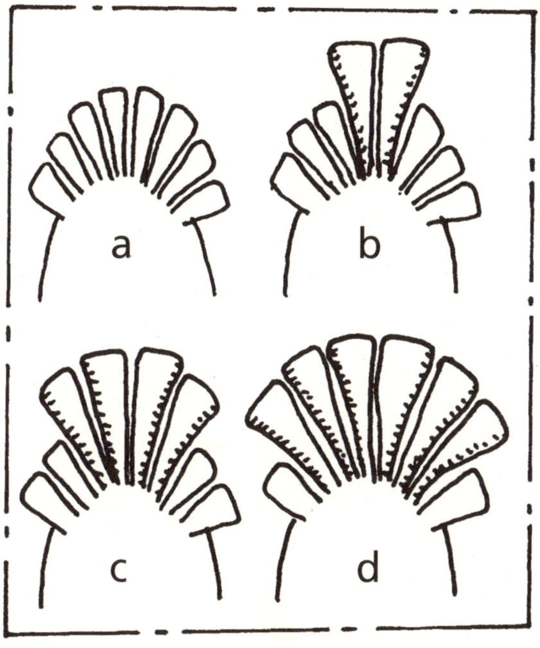

Irgendwann kommt dann der Zeitpunkt, an dem die Schafe ihre Schneidezähne allmählich verlieren. Bei frühreifen Rassen kann dieser Prozess bereits mit etwa sieben Jahren beginnen. Nun heißt es Augen auf, ob diese Tiere sich noch weiterhin gut ernähren können; gelegentliche Gewichtskontrollen geben darüber die deutlichste Auskunft. In nutzorientierten Schafhaltungen werden die Altschafe jetzt meist ausrangiert. Bei kleinen Beständen ist es jedoch möglich, den Überblick zu behalten. Bei fehlenden Zähnen eignen sich die meisten Schafe neue Bisstechniken an und kommen damit vielfach gut zurecht. So kann es bei einer vernünftigen Haltungsform durchaus passieren, dass ein Schaf mehr als fünfzehn Mal ablammt und entsprechend alt wird. Lediglich die Qualität der Wolle lässt im Alter nach, in einem Selbstversorger-Haushalt lässt sie sich aber dennoch auf die vielfältigste Art verwenden.

Die Beurteilung einzelner Schafe

Um ein möglichst umfassendes Bild von einem Schaf zu erhalten, beobachtet man es eine Weile aus einigem Abstand auf der Wiese. Zunächst gilt das Augenmerk dem Verhalten: Ist das Schaf lebhaft oder träge? Frisst es anhaltend und lange, käut es ausgiebig wieder? Wie verhält es sich den anderen Schafen gegenüber? Ist die Herde scheu oder zutraulich? Einer fremden Person gegenüber werden sich die Schafe meist ängstlich zeigen, man kann jedoch beobachten, wie sie sich ihrem Halter nähern.

Als Nächstes wird der Körperbau des Tieres eingehender betrachtet. Dies geschieht ebenfalls aus einigem Abstand im Freien. Wie ist der Gesamteindruck des Tieres? Wie ist sein allgemeiner Pflegezustand? Zeigt es die typischen Rassemerkmale seiner Art? Stimmen die Körperproportionen? Hat es einen geraden Rücken? Wirkt es kräftig und muskulös? Hat es eine breite Brust und ein breites Becken? Ist es nicht zu klein? Setzt es die Hufe im richtigen Winkel und sicher auf? Hat es weder X- noch O-Beine? Stehen die Hinterbeine weit auseinander und lassen sie Platz für ein großes Euter? Wenn diese Fragen alle positiv beantwortet werden können, lohnt es sich, das Tier einzufangen und einer genaueren Untersuchung zu unterziehen.

Von nahem schaut man auf die Zahnstellung und das Alter. Die Augen sollten klar sein und nicht übermäßig tränen. Schiebt man das Augenlid herunter, so sollte der Augapfel darunter weiß sein und weder rötlich noch gelblich wirken. Die Schleimhäute im Auge und im Mund sollten dagegen rötlich aussehen, das ist ein Zeichen für gute Durchblutung. Ein Griff mit einer Hand von oben in die Lende lässt erfühlen, wie breit der

Rücken ausgebildet ist. Ebenso sollte man die Bemuskelung der anderen Körperteile ertasten, eine rein optische Begutachtung ist nur direkt nach der Schur möglich. Wichtig ist eine eingehende Untersuchung der einzelnen Klauen. Beim kräftigen Betasten (auch des Hornes) darf das Schaf keine schmerzhaften Reaktionen zeigen. Achten muss man darauf, dass sich weder im Klauenspalt noch am oberen Klauensaum oder sonstwo irgendwelche Anzeichen eines Entzündungsherdes befinden; auch sollte der Hornschuh überall fest am Fuß anliegen und sich nirgendwo ablösen oder einen Hohlraum bilden.

Dann wird das Euter näher betrachtet. Viel versprechend ist es, wenn es großflächig angesetzt ist. Die Striche sind vorzugsweise leicht nach unten geneigt. Beim Betasten darf sich keine Verhärtung fühlen lassen. Bei Milchschafen ist besonders auf gut ausgebildete Striche zu achten. Sie müssen lang genug sein, um so in der Hand zu liegen, dass ohne Probleme gemolken werden kann. Ein letzter, aber nicht unbedeutender Blick gilt der Wolle. Ist sie sauber oder voller Stroh, Heu oder gar Kletten? Bei einigen langwolligen Rassen scheitelt sich das Vlies über dem Rücken, ansonsten sollte es aber möglichst geschlossen sein. Scheitelt man das Vlies mit der Hand, so erhält man einen Einblick in den Aufbau der Wolllocken, der später noch ausführlich beschrieben wird. Allgemein sollte das Vlies ungezieferfrei sein, keine orangene Färbung aufweisen (übermäßiger Wollschweiß) und es sollte auch weder verzwirnt noch verfilzt sein. Liegt ein solcher Fehler vor, so sollte man sich die Art der Haltung kritisch ansehen, nicht immer sind Fehler dieser Art erblich bedingt.

Neben diesen ganzen Beobachtungen achtet man noch auf eine gleichmäßige hustenfreie Atmung, der Kot sollte eine normale Konsistenz haben und der Blick wach und aufmerksam sein.

Insgesamt müssen viele Faktoren beim Schafkauf beachtet werden, und wenn man es so hintereinander liest, erscheint es schwierig, den Überblick zu behalten. Es gehört Erfahrung dazu, wirklich alles Wesentliche zu beachten. Doch diese Erfahrung kann man bereits sammeln, bevor man eigene Schafe hat. Sie lässt sich trainieren, wenn man mit anderen Schafhaltern bekannt wird und deren Tiere begutachtet. Man muss viele Schafe gesehen haben, um den richtigen Blick für die Tiere zu erlangen. Sollte man sich trotzdem für einen Schafkauf zu unsicher fühlen, wird einen vielleicht ein erfahrener Schafhalter begleiten und mit Rat und Tat zur Seite stehen.

Für manche Schafe, besonders aber für solche aus Herdbuchzuchten gibt es noch zusätzliche Informationen: den Abstammungsnachweis und die Leistungsprüfung. Die Angaben auf diesen Papieren sind für den Laien nicht leicht zu entziffern, da sie aus Abkürzungen und einer bestimmten Zahlenreihenfolge bestehen. Beim Lesen und Auswerten dieser Angaben lässt man sich vom Züchter helfen, ihr einheitlicher Gebrauch hat sich bundesweit noch nicht vollends durchgesetzt. Trotz dieser Papiere sollten die Tiere eingehend (wie oben beschrieben) begutachtet und untersucht werden, denn die Papiere sind keine Garantie für Makellosigkeit.

Manche Menschen finden es attraktiv, solche Zuchttiere zu halten. Sie sind besonders edel und wertvoll. Das ist auch richtig. Bedacht werden muss dabei aber, dass hochgezüchtete Tiere ihre Robustheit verlieren, sie sind empfindlich und dadurch schwierig zu halten. Für den Anfänger ist es deshalb nicht ratsam, mit solchen Schafen zu beginnen. Außerdem gelten bei der weiteren Zucht mitunter harte Kriterien für den Nachwuchs. Er erhält die Papiere nicht automatisch, sondern muss bestimmte Bedingungen erfüllen. Zu einer Herdbuchzucht gehört Erfahrung und auch ein überdurchschnittliches Engagement. Man muss mit dem Schafzuchtverband zusammenarbeiten und hat oft weite Wege zurückzulegen, wenn man sich nach neuen Tieren umsehen will. Es entstehen vermehrte Kosten und wenn man die hohen Anschaffungspreise der Herdbuchtiere hinzuzählt, so ist dem Anfänger auch aus finanziellen Gründen von einer Herdbuchzucht abzuraten. Für ihn sind durchschnittliche, robuste Tiere am dankbarsten. Sie können kleine Fehler in der Haltung eher verkraften und stellen kein finanzielles Risiko dar.

Kauf und Eingewöhnung von Schafen

Nachdem die theoretischen Vorüberlegungen abgeschlossen sind, müssen noch zwei weitere Voraussetzungen erfüllt sein, bevor die ersten Schafe ins Haus kommen. Die Weidemöglichkeiten müssen geklärt sein und für den Winter muss ein schafgerechter Stall vorhanden sein. Zur Weidemöglichkeit gehört auch eine wirkungsvolle Einzäunung, zur Unterbringung im Winter ausreichendes Futter (siehe jeweils die entsprechenden Kapitel). Gewarnt sei davor, unvorbereitet ein paar Schafe mit nach Hause zu bringen; aus der ursprünglichen Begeisterung kann schnell eine Hassliebe werden, wenn die Tiere für ein ungewolltes Chaos sorgen. Ist jedoch alles geklärt und vorbereitet, so kann es ohne weitere Bedenken losgehen.

Als Orientierung für den Preis von Schafen ohne Zuchtpapiere erkundigt man sich nach den gängigen Schlachtpreisen. In diesem Bereich wird sich die zu verhandelnde Summe bewegen. Ich halte dies für ein faires Niveau, denn damit ist eine untere Preisgrenze festgelegt. Den Schlachtpreis erhält der Schafhalter in jedem Fall, es ist also sinnlos, ihn unterbieten zu wollen. Falls beim Schafhalter Ungewissheit über die Verkaufssumme besteht, so kann man ihm durchaus den Vorschlag mit dem Schlachtpreis machen. Er wirkt zwar makaber, ist aber für beide Seiten eine gerechte Lösung. Die Schlachtpreise werden beispielsweise in landwirtschaftlichen Zeitungen angegeben. Sie beziehen sich im Allgemeinen auf ein Kilogramm vom Lebendgewicht. Dieses lässt sich einfach bestimmen, indem man das Tier auf den Arm nimmt und sich mit diesem auf eine weit genug reichende Personenwaage stellt. Anschließend zieht man das eigene Körpergewicht von der Summe ab. Besonders das Gewicht von Lämmern lässt sich auf diese Art genau bestimmen, bei schweren, ausgewachsenen Schafen wird man das Gewicht schätzen müssen.

Der Preis von Herdbuchtieren liegt um ein Vielfaches höher als bei normalen Schafen aus einer so genannten Gebrauchszucht. Hier lassen sich auch keine allgemeinen Anhaltspunkte nennen, denn die Preise richten sich nach vielen verschiedenen Faktoren wie Rasse, Region, Zuchtwert, Vorstellungen des Züchters.

Ob nun mit Zuchtpapieren oder ohne, die Voraussetzungen zur Schafzucht sind alle erfüllt, die geeigneten Schafe gefunden und gekauft worden. Nun geht es darum, die Tiere in ihre neue Umgebung einzugewöhnen. Nach dem Transport werden sie zunächst verstört wirken. Hinzu kommen die fremden Gerüche und Geräusche sowie die Trennung von der alten Herde. Die Neulinge sind unglücklich und werden dies lautstark äußern. Da sollte man ihnen möglichst bald etwas Angenehmes bieten, damit sie ihren Schmerz vergessen.

Doch bevor die Schafe nun auf die große, saftige Wiese gelassen werden, ist es ratsam, sie noch für wenige Tage unter Quarantäne zu halten. Wir können nämlich nicht wissen, welche Krankheitserreger sie möglicherweise mitgebracht haben und es gilt zu verhindern, dass diese überall verteilt werden. Eine Quarantäne für vierundzwanzig Stunden sollte man in jedem Fall konsequent durchführen und die Schafe zu Beginn dieser Zeit mit einem geeigneten Mittel entwurmen. Dazu hält man sie so lange auf einem kleinen, zu diesem Zweck extra abgeteilten Wiesenstück, das so bald nicht mehr beweidet werden soll oder in einer gesonderten Abteilung im Stall. Je besser das Futter in dieser ersten Unterkunft ist, desto leichter vergisst das Schaf seinen Trennungsschmerz und wird sich bald wie zu Hause fühlen (zum Wurmproblem siehe Seite 166).

Sollte nur die kleinste Unsicherheit bestehen, ob das Tier irgendeine Krankheit oder irgendwelche Parasiten hat, so verlängert man die Quarantäne, bis die Frage eindeutig geklärt ist. Das ist besonders wichtig, wenn bereits Schafe vorhanden sind. Zur Not zieht man einen befreundeten Schafhalter oder sogar den Tierarzt mit zu Rate, denn es ist hochgradig ärgerlich, wenn man mit neuen Schafen eine unangenehme Krankheit einschleppt. Also: Augen auf und nicht leichtsinnig sein, während der Quarantäne besteht ausgiebig Gelegenheit, die Tiere zu beobachten und natürlich wiederholt gründlich zu untersuchen.

Während der ersten Phase mit den neuen Tieren ist auch das Verhalten des Halters von Bedeutung. Die ersten Kontakte können prägend sein, zumindest stellen sie die Weichen, auf welcher Bahn die weitere Beziehung laufen wird. Als Halter vermeiden wir deswegen zunächst alles, was die Tiere irgendwie verängstigen könnte. Dazu gehören hektische Bewegungen sowie laute, schrille Töne. Es wird also schwierig, die Tiere für Untersuchungen oder Behandlungen einzufangen, denn man muss dabei trotzdem ruhig vorgehen. Bedachte Tricks führen hier zum Erfolg. Ansonsten versuchen wir durchaus des Öfteren uns den Tieren in freundlicher Absicht zu nähern. Dabei sprechen wir sie in einem beruhigenden Tonfall an und halten ihnen die flache Hand ausgestreckt zum Beschnuppern entgegen. Nicht nur wir wollen die Tiere, sondern diese wollen auch uns kennen lernen. Allerdings wird es nicht wenige Schafe geben, die es gar nicht so weit kommen lassen; sie betrachten den Menschen lieber aus einer großen Entfernung. Dies müssen wir tolerieren. Für den Halter, der gerne Zutraulichkeit von seinen Schafen will, wird dies zu einer harten Geduldsprobe. Doch es hat keinen Sinn, etwas erzwingen zu wollen. Das erwünschte Ergebnis verkehrt sich dabei schnell ins Gegenteil.

Mit etwas Einfühlungsvermögen von Seiten des Halters wird es allgemein nicht lange dauern und die Schafe werden sich an ihn gewöhnen, sie werden ihn auf ihre Art akzeptieren, ein Privileg, das nicht jedem zukommt. Zu einem großen Teil hat der Halter es selbst in der Hand, wie innig die Beziehung zu seinen Schafen wird. Er muss das Vertrauen seiner Tiere gewinnen und dies geschieht nur allmählich und setzt ein stets konsequentes, freundliches Verhalten voraus. Doch die ersten Tage sind mit Sicherheit durch ein vorsichtiges Kennenlernen gekennzeichnet. Da dürfen die Erwartungen noch nicht so hoch geschraubt werden.

Die Haltung und Fütterung

Die Wiese

Es wurde zu Anfang dieses Buches schon besprochen, welche Wohltat Schafe für eine Wiese bedeuten. Sie pflegen sie wie kein anderes Weidetier. Deshalb halten sich viele Menschen gerne ein paar Schafe als lebendige Rasenmäher. Allerdings wird man oft feststellen, dass man um ein Nachmähen nicht herumkommt. Schafe sind selektierende Fresser. Zunächst vertilgen sie die nährstoffreichen Gräser und Kräuter, die ihnen am besten schmecken oder die ihr Körper gerade benötigt. Andere werden verschmäht. Dann gibt es noch die Stellen, an denen sie Kot und Urin hinterlassen haben. Hier rühren sie das Gras wohlweislich nicht an. So entstehen auf der Wiese allmählich so genannte Inseln, wo das Gras wächst, bis es hart und von den Nährstoffen her wertlos ist. Zumindest diese Inseln muss man gelegentlich nachmähen, um einen gleichmäßigen Wuchs auf der Wiese zu behalten. Dabei wird gleichzeitig der Kot verteilt und verliert seine konzentrierte Schärfe. Auf kleineren Wiesen genügt meist das Nachmähen mit der Sense, ein größerer Maschinenpark ist dafür also nicht nötig. Größere Wiesen mäht man dagegen zweckmäßigerweise mit einem Trecker mit Mähwerk, sofern die Wiese für diesen befahrbar ist. Wiesen, die zusätzlich durch Nachmähen gepflegt werden, sind als Futterquelle wesentlich ertragreicher.

Doch es geht auch gänzlich ohne diesen Arbeitsaufwand. Mit einem beweglichen Zaun kann man mit den Schafen langsam über die Wiese wandern. Ihnen wird nur ein kleines Stück zugeteilt, und täglich erhalten sie durch Umstecken des Zaunes neues Gras, das sie vollständig auffressen werden. Auf diese Weise bleiben keine nennenswerten Inseln stehen, jedenfalls keine durch Kot verursachten. Außerdem entgeht man mit dieser Weidetechnik der Verwurmungsgefahr, was ein weiterer Vorteil gegenüber anderen Techniken ist.

Nicht jeder besitzt so einen beweglichen Zaun, sondern hat vielleicht fest eingezäunte Koppeln zur Verfügung. Hier macht sich das Vorhandensein eines Unterstandes angenehm bemerkbar. Die Schafe halten sich bei starkem Regen, bei praller Sonne oder auch zum Wiederkäuen gerne darin auf. Dabei hinterlassen sie dort auch den meisten Kot und nicht auf der Wiese. So kommt es deutlich weniger zu dieser Inselbildung und auf ein Nachmähen kann meist verzichtet werden.

Zur Pflege einer Wiese gehört außerdem ihre ausreichende Versorgung mit Dünger. Was die Schafe von sich geben, reicht allein nicht aus, um die Wiese mit den notwendigen Nährstoffen zu versorgen. Das erscheint logisch, wenn man bedenkt, dass die Schafe beim Abfressen Nährstoffe aufnehmen und einen großen Teil davon für sich zum Wachsen und Gedeihen beanspruchen. Nur ein geringer Teil wird wieder ausgeschieden. Gleichzeitig wird das Gras durch das Abfressen zu verstärktem Wachstum angeregt. Von einem Jahr zum anderen macht sich ein Nährstoffmangel auf der Wiese mitunter schon optisch bemerkbar, im dritten Jahr ist er deutlich sichtbar. So weit sollte man es jedoch nicht kommen lassen, sondern rechtzeitig für ausreichende Düngung sorgen.

Die Verwendung von Kunstdüngern lehne ich aus umweltpolitischen Gründen ab. In Frage kommt also ausgereifter Stallmist, und er erfüllt seine Aufgabe ausgezeichnet. Vorzugsweise wählt man den Mist einer anderen Tierart. Dadurch verhindert man, dass eventuell vorhandene schafseigene Krankheitserreger auf die Wiese gebracht werden und die Tiere sich möglicherweise damit infizieren. Mist einer anderen Tierart heißt heute allerdings, dass wir wieder einiges beachten müssen: Rindermist beispielsweise würde ich ablehnen, da rings um das Thema BSE zu viele Unklarheiten herrschen und der Verdacht bestehen bleibt, dass die Erreger über den Mist in den Boden gebracht werden. Und Schafe würde ich möglicherweise als empfänglich für BSE-Erreger einstufen, da bekannt ist, dass es seit zwei Jahrhunderten unter Schafen die Scrapie geben kann, eine Krankheit, die der BSE nahe steht. Wissenschaftler vermuten sogar, dass BSE ihre Ursache in der Scrapie haben könnte: An Scrapie erkrankte und verstorbene Schafe sind zu Tiermehl verarbeitet worden, welches an Rinder verfüttert worden ist. Damit hat die Scrapie den Artensprung vom Schaf aufs Rind vollzogen. Da bleibt natürlich die Furcht, dass umgekehrt ebenfalls eine Übertragung stattfinden kann. Also: In Zeiten von BSE-Alarm sollte Rindermist unbedingt gemieden werden. Was bleibt? Schweinemist aus industrieller Haltung wird arg mit unerwünschten Stoffen belastet sein. Hühnermist ebenfalls, und er ist auch für die Wiese zu scharf. Bleibt Schweinemist aus biologischer Haltung. Oder Pferdemist, der ist ideal und sicher einfacher zu bekommen. Den eigenen Schafsmist verwendet man nur unter der Voraussetzung, dass er wirklich mindestens ein Jahr abgelagert wird, damit mögliche Schaferreger nicht mehr aktiv sein können!

Einmal jährlich verteilt man also diesen Mist möglichst gleichmäßig auf der Wiese, und zwar am zweckmäßigsten, bevor das Wachstum im Frühjahr richtig losgeht oder zu einem Zeitpunkt, an dem die Wiese kurz gefressen ist und nun für einige Wochen schaffrei bleiben kann. Im Idealfall ist sie als Nächste für einen Heuschnitt vorgesehen, die Schafe sind nämlich von einer frisch gedüngten Wiese keinesfalls begeistert. Dies muss bedacht werden, wenn das Weideland knapp ist. Eine kluge Planung ist also nötig. Früher war es üblich, die Wiesen im späten Herbst und Winter mit Mist und Gülle zu düngen, heutzutage ist dies aber nicht mehr vertretbar. Wenn die Pflanzen sich in einer Ruhepause befinden, nehmen sie nur sehr langsam über einen großen Zeitraum die angebotenen Nährstoffe auf. Vieles wird währenddessen von Regen und Schneewasser weggespült, gelangt in tiefere Erdbereiche und schließlich ins Grundwasser. Die Düngung im späten Herbst oder Winter trägt also zur Grundwasserbelastung bei, und zwar in unverantwortlich hohem Maße.

Zu dieser Jahreszeit kann man Kalk auf die Wiese bringen. Er belastet das Grundwasser nicht und braucht eine lange Zeit, um im Boden umgesetzt zu werden. Kalkgaben sind für durchschnittliche Wiesenböden im zweijährigen Rhythmus zu empfehlen. Sie gleichen die eher zum Sauren tendierende Mistdüngung aus und desinfizieren die Wiese gleichzeitig. Wurmeier und Krankheitserreger lieben das kalkige Milieu nicht. Eine verseuchte Wiese kann durch erhöhte Kalkgaben sogar weitgehend davon befreit werden.

Ist man mit dem Bewuchs seiner Wiese auf irgendeine Weise unzufrieden, so muss es nicht unbedingt am Dünge- oder Kalkzustand liegen. Eine relativ einfache Verbesserungsmöglichkeit liegt im Belüften. Im zeitigen Frühjahr, sobald man mit dem Traktor auf die Wiese kommt ohne tiefe Spuren zu hinterlassen, bearbeitet man sie gleichmäßig mit einer Wiesenegge. Falls man keinen Maschinenpark besitzt, bittet man einen benachbarten Bauern um Hilfe. Wenn man anbietet, ihm bei anderer Gelegenheit behilflich zu sein, wird er gerne zu diesem kleinen Dienst bereit sein. Es wird sich noch häufiger zeigen, dass der Kontakt zu einem Bauern auf der Basis gegenseitiger Hilfe sehr nützlich sein kann. Das Abeggen belüftet die Wiese nicht nur, es ebnet auch gleichzeitig die aufgeworfenen Maulwurfshügel ein. Maulwürfe sind auf einer Schafwiese übrigens keine gern gesehenen Gäste. Die Schafe brechen mit ihren kleinen Hufen leicht in die gewühlten Gänge ein und können sich dabei schnell den Fuß verstauchen.

Eine weitere Verbesserungsmöglichkeit für die Wiese ist das Nachsäen. Gerade wenn man eine größere Vielfalt an Gräsern und Kräutern sucht, bietet sich das an. Der beste Zeitpunkt dafür ist das zeitige Frühjahr, bevor das eigentliche Wachstum der Wiese beginnt. Wird die Wiese anschließend geeggt, so gelangen einige Samenkörner auch ins Erdreich und die Wahrscheinlichkeit, dass die Saat aufgeht, ist wesentlich höher, als wenn die Samen nur ohne weitere Einarbeitung ausgestreut werden.

Trotzdem lohnt sich die Aktion in jedem Fall, denn mit etwas Glück und günstiger Witterung laufen auch viele der einfach ausgestreuten Samenkörner auf. Vorzugsweise wählt man eine möglichst kleinkörnige Saat, damit sie den Vögeln nicht sofort ins Auge fällt, und Sorten, die möglichst schnell aufgehen, damit sie von der plötzlich loswachsenden Wiese nicht erstickt werden. Besonders empfehlenswert sind Leguminosenarten wie Klee. Sie bilden an ihren Wurzeln Stickstoff, düngen also den Boden und stellen ein gutes, nährstoffreiches Futter dar. Mitunter kann man Kleesaat lose im Landhandel kaufen, dort ist sie besonders preiswert. Schwierig ist es, an Kräutersamen in größeren Mengen heranzukommen.

Mitunter ist eine Neueinsaat der Wiese angeraten, besonders wenn nährstoffarme Gräser so weit vorherrschen, dass eine Vielfalt auf anderem Wege nicht mehr hergestellt werden kann. Leider ist solch eine Neueinsaat sehr arbeitsaufwändig und kostspielig. Die alte Wiese muss gepflügt, die groben Schollen zerkleinert, die Saatgutmischung eingedrillt und anschließend angewalzt werden. Folgt nach diesen Arbeiten eine feuchte und milde Wetterperiode, so lässt der Erfolg nicht lange auf sich warten. Fertige Saatgutmischungen kann man noch zusätzlich mit Klee oder Kräutern anreichern, eingedrillte Saaten werden mit hoher Wahrscheinlichkeit alle aufgehen. Beachtet werden muss allerdings, dass die Schafe nicht zu früh auf eine junge Wiese gelassen werden. Die Gräser sind nämlich zunächst noch unzureichend festgewurzelt und werden möglicherweise beim Fressen gänzlich ausgerissen. Um kein Risiko einzugehen, plant man die erste Nutzung einer jungen Wiese zur Heugewinnung ein.

Die Einzäunung einer Wiese

Prinzipiell gilt der Leitsatz: Vieh wird eingezäunt und nicht vor einem Garten oder Feld ausgezäunt. Als Schafhalter ist man verpflichtet, für eine wirkungsvolle Einzäunung seiner Tiere zu sorgen. Man haftet also für alle durch einen Ausbruch verursachten Schäden, wenn man dieser Pflicht nachweisbar nicht nachgekommen ist. (Beim Abschluss einer Haftpflichtversicherung ist auf die entsprechende Klausel zu achten.)

Es gibt für Schafe einige wirkungsvolle Zaunsysteme, die sich in ihren Anwendungsbereichen unterscheiden. Weit verbreitet für die Errichtung fester Zäune ist das so genannte Knotengitter, in manchen Gegenden sagt man schlicht Schafdraht. Bewährt hat sich eine Höhe von einem Meter. Nach unten hin werden die viereckigen Maschen dieses Zaunes kleiner, sie sind damit also auch lämmersicher. Nachteilig ist, dass die großen Maschen allgemein etwas zu groß gehalten sind. Die Schafe können ihren

Kopf durchstrecken, wenn sie an das saftige Futter außerhalb ihrer Weide gelangen wollen. Die Tiere schälen sich dabei im Frühjahr ihre lange Wolle allmählich von der Kopf- und Halspartie und der Zaun verliert dabei schnell seine Form, wenn er nicht straff gespannt wurde. Zäune mit einer kleineren Maschenfüllung sind also geeigneter.

Optimal in ihrer Aufgabenerfüllung und Haltbarkeit sind die so genannten Wildzäune, doch leider ist ihre Anschaffung vergleichsweise teuer.

Es versteht sich von selbst, dass ein fester Zaun mit entsprechend haltbaren Zaunpfählen errichtet wird. Eine gute Präparierung dieser Pfähle erreicht man dadurch, dass man die Enden, die im Erdreich stecken sollen, zuvor in ein kräftiges Feuer legt und gründlich ankohlen lässt. Die Holzkohlenschicht isoliert gegen Nässe und hält Ungeziefer fern. Der aus dem Erdreich herausragende Teil des Pfahles braucht in der Regel keinen besonderen Schutz, wenn er glatt ist. Nach dem Einschlagen schrägt man die Oberseite ab, um das Regenwasser daran zu hindern, in die Maserung einzudringen. Aufgepasst: In manchen Gegenden ist die Neuerrichtung eines festen Zaunes genehmigungspflichtig. Man erkundige sich also rechtzeitig danach, um Ärger und Geldausgaben zu vermeiden. Stacheldraht ist für Schafe übrigens völlig ungeeignet. Er zerreißt ihr Wollvlies und im Extremfall bleiben die Tiere an ihm hängen und sind gefangen.

Früher war es teilweise üblich, kleine Schafweiden mit einzelnen Hürden oder Gattern einzuzäunen. Der gesamte Zaun bestand hierbei aus einzelnen Segmenten, die nach Belieben aufgebaut werden konnten. Sie werden aus Holzstangen gebaut und können zur Gewichtsersparnis mit Knotengitter bespannt werden. Schön ist an diesen Hürden, dass man mit ihnen langsam über die Wiese wandern kann und den Schafen frisches Gras portionsweise zuteilt. Dadurch wird es den Schafen ermöglicht, auf unverkoteten Flächen zu fressen, was die Verwurmungsgefahr erheblich reduziert (siehe Seite 71). Die Handhabung dieser Hürden ist allerdings recht kompliziert. Sie sind schwer und das Umbauen ist arbeitsaufwändig.

Einfacher lässt sich dagegen ein Elektrozaun auf- und umbauen. Auch mit ihm kann man allmählich über die Wiese wandern. Er ist die moderne Variante der schweren und sperrigen Hürdentechnik. Das Herzstück eines elektrischen Weidezaunes ist das Impuls gebende Weidezaungerät; es gibt Ausführungen, die ihre Energie per Trockenbatterie, per Autobatterie oder aus einem Netzanschluss beziehen. Die ersten beiden Arten sind überall einsetzbar und deshalb vielseitiger. Für die Schafhaltung gibt es spezielle Geräte, deren Impulsstärke sich sehr hoch einstellen lässt, was mitunter nötig ist, wenn die Zaunführung extrem lang ist oder hoch gewachsenes Gras die unterste Litze berührt und den Strom ableitet. Außerdem gibt die Wolle schwache Impulse nicht weiter; eine gewisse Stärke wird benötigt, damit die Schafe Respekt vor dem Zaun bekommen.

An dieser Stelle ist vielleicht ein Einschub nötig: Ist solch ein Zaun denn überhaupt artgerecht? Grausame Assoziationen drängen sich auf. Um es jedoch klarzustellen: Ein Weidezaun führt keinen Starkstrom, der Verletzungen oder gar den Tod bringen kann. Hier wird vielmehr in kurzen Impulsen eine hohe Spannung bei geringer Stromstärke durch den leitenden Draht geschickt. Wenn man den Zaun berührt, so ist das zweifelsohne unangenehm, es »zeckt« und auch ein Schaf wird entsetzt zurückspringen, wenn es den Draht neugierig mit der Nase beschnuppert. Doch der erste Eindruck ist zum Glück prägend und so lernt das Schaf schnell, die Berührung mit dem Zaun zu vermeiden. Die Stärke des Stromes ist so bemessen, dass die Schafe ihn oft gar nicht spüren, wenn sie den Draht nur mit der Wolle berühren. Auf alle Fälle hinterlässt der Elektroschlag keine Verletzungen und ist damit harmloser als beispielsweise der so weit verbreitete Stacheldraht. Den Schafen kommt es zugute, dass man sie mit einem Elektrozaun fast überall hüten kann, und da sie keine dummen Tiere sind, sondern sich vor dem Zaun in Acht nehmen, gibt es keinen Grund, ihn als nicht artgerecht abzutun. Vorsichtsmaßnahmen sind nur dem Menschen gegenüber notwendig:

- Damit sich niemand erschrecken kann, sind Warnschilder anzubringen, solange der Zaun in Wegnähe steht.
- Kleine Kinder sind vom Zaun fernzuhalten. Sobald sie es verstehen, wird man Erfolg damit haben, wenn man ihnen erklärt, dass Anfassen weh tut.

Doch zurück zur Einrichtung eines Elektrozaunes. Neben der großen Auswahl an speziellen Weidezaungeräten für die Schafhaltung gibt es ebenfalls viele verschiedene Zaunsysteme. Da sind einmal die Elektronetze. Sie haben einen Aufbau wie die bekannten Knotengitter, nur dass sie anstatt aus Draht aus beweglicher Plastikschnur gefertigt sind, in welche dünne, Strom leitende Metalldrähte eingeflochten sind. Die Pfähle zum Einstecken des Zaunes sind leichte Stangen und bereits an den Netzen befestigt. Zum Aufbauen werden die etwa 50 m langen Netze zunächst ausgerollt und dann aufgestellt. Ein Elektroknotengitter gilt als sichere Umzäunung auch für Lämmer. Ihr Nachteil besteht darin, dass der Arbeitsaufwand relativ hoch ist, wenn man den Zaun täglich umstecken will, um langsam über die Wiese zu wandern. Außerdem reicht er bis an den Erdboden; man muss die untersten Litzen ausschalten können, damit hohes Gras den Strom nicht ableitet. Ein Mähen unter dem Zaun ist leider unmöglich.

Ungeeignet sind die Netze für Schafe mit Hörnern. Stecken sie einmal den Kopf durch die Maschen, so bleiben sie hängen und zerfetzen den Zaun bei ihren Befreiungsversuchen. So kommt es, dass nicht nur Fischer, sondern manchmal auch Schäfer ihre Netze flicken müssen.

In vielerlei Hinsicht praktisch sind dagegen die aus einfachen Drähten errichteten Zäune. Drei oder mehr Drähte übereinander angeordnet sind auch eine lämmersichere Angelegenheit. Wichtig bei solch einem Zaun ist es, dass er wirklich straff gespannt wird und dass man ein Weidezaungerät verwendet, das starke Impulse abgibt. Als Pfähle bewähren sich die stabilen Ausführungen jener bekannten Metallstäbe. Sie lassen sich leicht in den Boden stecken und hinterlassen beim Herausnehmen keine Löcher, in denen die Schafe mit ihren Hufen stecken bleiben können. Für diese Pfähle gibt es spezielle Isolatoren, die in beliebiger Anzahl und Höhe befestigt werden können. Die Strom führende Litze läuft durch Metallösen und bleibt darin frei beweglich, beim Versetzen des Zaunes ist das sehr angenehm. Mit diesem Zaunsystem ist das tägliche Zuteilen neuer Wiesenportionen ein echtes Kinderspiel.

Ist das Gras bereits so hoch gewachsen, dass es den unteren Draht berührt, so kann es unter dem Zaun leicht gemäht werden. Nylonlitze ist übrigens reiner Metalllitze vorzuziehen, denn sie wiegt weniger, was sich beim Auf- und Abrollen spürbar bemerkbar macht, und sie bildet keine Knicke, die beim Arbeiten mit einer Metalllitze recht lästig werden. Muss man die Litze beim Weidewechsel häufig aufrollen, so empfiehlt sich die Anschaffung einer geeigneten Haspel.

Man gewöhnt die Schafe am besten an einen Elektrozaun, wenn sie frisch geschoren sind oder wenn die Wolle an einem regnerischen Tag feucht ist. Sie lernen es in der Regel schnell, den Kontakt mit den Strom führenden Drähten zu vermeiden. Trotzdem muss man es an den ersten Tagen beobachten, und erst wenn man sicher ist, dass sie den nötigen Respekt besitzen, kann man den Zaun neben einem verlockenden Feld oder gar der Straße aufbauen. Beim täglichen Gang zu den Schafen wird jeweils auch die Funktionstüchtigkeit des Weidezaunes überprüft.

Anderes Weideland

Wenn nicht genügend eigene Wiese (Besitz oder Pacht) zur Verfügung steht, wird man nach weiteren Weidemöglichkeiten Ausschau halten. Das ist heutzutage nicht gerade einfach, denn viele ungenutzte Grünflächen sind zum Beweiden ungeeignet. So sind beispielsweise Feldränder mit Vorsicht zu genießen, weil sie oft gehörige Portionen Spritzmittel und

Kunstdünger abbekommen. Schafe reagieren sehr empfindlich darauf. Bahndämme stillgelegter Strecken können eine interessante Weidemöglichkeit sein. Mitunter verkehren aber auch dort einmal im Jahr Spritzmittelzüge, um die Gleise samt Umgebung unkrautfrei zu halten. Ungenutzte Grünflächen an befahrenen Straßen sind von ihrer Schadstoffbelastung her ebenfalls fragwürdig und bergen zusätzlich noch die Unfallgefahr, falls die Tiere ausbrechen. Mitunter bieten sich zugewachsene Müllhalden oder Schuttkuhlen mit ihrer verlockenden Pflanzenvielfalt an, doch müssen die Altlasten des Bodens berücksichtigt werden. Es ist nicht einfach, die Belastung einer Grünfläche einzuschätzen. Sollten aber irgendwelche Zweifel bestehen, würde ich in jedem Fall die Finger davon lassen. Denn mit der Aufnahme von vergiftetem Gras vergiftet sich das Schaf und wenn es einmal als Braten auf dem Tisch liegen sollte, vergiften wir uns ebenfalls. Eine besondere Vorsicht ist hier für die Milchschafhaltung geboten. Über die Milch erreichen uns die Giftstoffe eines Bodens noch viel schneller.

Fragwürdig sind auch manche traditionellen Schafweiden für große Herden geworden. Wegen der Schadstoffbelastung ist es beispielsweise unverantwortlich, die Grünflächen auf einem Flugplatzgelände abweiden zu lassen. Ebenso halte ich das Beweiden von Truppenübungsplätzen der Bundeswehr für äußerst bedenklich. Es ist kein Geheimnis, dass dort aus Unwissenheit oder Leichtfertigkeit mit den schädlichsten Giften gespielt wird und vieles davon im Boden versickert.

Was bleibt also noch als Zusatzweide übrig? Zunächst kann man einmal die Nachbarn fragen. Wir hatten in unserem Dorf Glück und bekamen verschiedene Angebote, die wir dankbar annahmen. Da war ein ungenutztes Wiesenstück hinter einem Haus, das seinem Besitzer immer viel Arbeit beim Mähen machte oder eine große Obstbaumwiese, die endlich mal wieder gepflegt werden sollte. Im Nachbardorf sind Freunde mit ihren Schafen auf den Grünflächen von Friedhof und Kirche gern gesehene Gäste, mit dem Elektrozaun ist das kein Problem. Wieder ein Dorf weiter sucht die Sportplatzverwaltung Schafhalter zur Rasenpflege, eine ergiebige Futterquelle. Noch gibt es sie, die unverseuchten Grünflächen. Doch man muss die Augen kritisch offen halten, denn wir sitzen leider auf einem gefährlichen Pulverfass.

Die Weidetechnik

Darunter versteht man die Art, wie man die Schafe auf der Wiese hält. Wie wir gleich sehen werden, kann sie sehr unterschiedlich organisiert werden. Doch zunächst soll ein allgemeines Problem erläutert werden:

Die Verwurmungsgefahr

Es gibt eine Vielzahl Magen- und Darmwürmer, von denen ein Schaf befallen werden kann. Mit nur wenigen Würmern kann es noch ganz gut leben. Man merkt es ihm kaum an. Aber über den Kot werden eine Unmenge Wurmeier ausgeschieden, aus denen sich infektionsfähige Larven entwickeln. Dies geschieht bei feucht-warmem Wetter in nur fünf Tagen, bei Kälte oder Trockenheit dauert es länger. Bei feuchter Witterung können diese Larven lange infektionsfähig bleiben, bei Trockenheit sterben sie eher ab. Grob gerechnet sagt man, dass die Ansteckungsgefahr nach sechs Wochen relativ gering geworden ist.

Weidet ein Schaf auf dem gleichen Stück Wiese länger als fünf Tage, so ist die Wahrscheinlichkeit gegeben, dass es mit dem Gras Wurmlarven frisst. Ein Schaf ist nämlich selten völlig wurmfrei und deshalb muss man stets davon ausgehen, dass es ein potenzieller Eierausscheider ist. Wie gesagt, mit wenigen Würmern kann ein erwachsenes Schaf gut leben. Problematisch wird es jedoch, wenn ihre Anzahl zu groß wird. Eine starke Verwurmung ist eine ernsthafte Krankheitserscheinung, die sogar zum Tode führen kann. Besonders gefährdet sind Lämmer, sie zeigen bereits bei geringem Befall ernsthafte Krankheitssymptome.

Würmer können medikamentös bekämpft werden. Solch eine Behandlung ist zur Eindämmung der Gefahr zweimal im Jahr prophylaktisch zu empfehlen: Einmal zu Beginn der Weidesaison, damit die Wiese möglichst lange unverseucht bleibt, und zum anderen im Winter vor der Einstallung, damit die Tiere während der Tragzeit kräftig und gesund sind. Ansonsten sollte man aber bestrebt sein, möglichst wenig auf diese Wurmmittel zurückzugreifen, denn es sind schwere »Geschütze«, deren Rückstände sich noch lange im Fleisch oder in der Milch nachweisen lassen. Die Eingabe ist deswegen meist mit einer Wartezeit verbunden, die unbedingt einzuhalten ist.

Im Wesentlichen entscheidet die Art, wie eine Wiese genutzt wird, über den Grad der Verwurmung. Der Schafhalter hat es damit selbst in der Hand, den Kreislauf Wurm-Ei-Larve-Wurm zu unterbrechen. Im Idealfall weiden die Schafe nicht länger als fünf Tage auf dem gleichen Stück Wiese, welches anschließend mehr als sechs Wochen schaffrei bleibt. Deswegen sind Weidetechniken, bei denen man mit den Schafen allmählich und portionsweise über die Wiese wandert, vorteilhaft. Außerdem sollte man die Schafe nie zwingen, auch noch die letzten Reste von der Wiese zu fressen. Das sind nämlich die verkoteten und damit besonders gefährdeten Stellen. Vielmehr sollte man sie stets rechtzeitig umtreiben oder ihnen neues Land zuteilen. Wenn man all dies beachtet, wird man kaum Verwurmungsprobleme mit seinen Tieren haben, sondern diese nur vom Hörensagen kennen.

Aus der Tatsache, dass die Schafe nicht an verkoteten Stellen fressen wollen, kann man übrigens schließen, dass sie von Natur aus mit einem Instinkt gegen die Aufnahme von Wurmlarven ausgerüstet sind. Zu bemerken ist noch, dass dieser Instinkt bei den verschiedenen Rassen unterschiedlich intensiv ausgeprägt ist. So sind Schafrassen aus ursprünglich heißen, trockenen Ländern, wie das Karakul, wesentlich wurmanfälliger als Rassen aus dem feuchten Norden.

Die Standweide

So nennt man eine Weide, auf der die Schafe für eine lange Zeit, unter Umständen sogar die ganze Vegetationsperiode über gehalten werden. Diese Weideart bringt nur einen Vorteil, und das ist der geringe Arbeitsaufwand. Doch er kann sich schnell ins Gegenteil umwandeln, denn die Tiere sind auf solch einer Weide krankheitsgefährdet. Einmal besteht die Verwurmungsgefahr und ihr kann man hier nur begegnen, indem die Schafe in kurzen Intervallen regelmäßig mit Medikamenten behandelt werden. Zum anderen bilden sich auf den Hauptwegen der Schafe morastige Stellen, an denen sich Erreger für Klauenerkrankungen ansiedeln können, die sich dort kaum bekämpfen lassen. Als weiterer Nachteil muss vermerkt werden, dass sich die Wiese nicht so gut nutzen lässt wie bei anderen Weidearten, denn es bleiben viele hoch gewachsene Inseln stehen. Ihre Anzahl kann allerdings durch das Vorhandensein eines Unterstandes reduziert werden, weil die Schafe sich dort häufig aufhalten und eine entsprechende Menge an Kot und Urin hinterlassen. Trotzdem bleiben hoch gewachsene Inseln stehen und müssen nachgemäht werden. Als schwierig erweist sich auch, den Wiesenüberschuss im Frühjahr zu verwerten. Heu lässt sich nicht machen, wo Tiere weiden. Da bleibt nur die Möglichkeit, einen Teil der Wiese mit Gattern oder einem Zaun abzusperren.

Die Nachteile einer Standweide sind eigentlich so gravierend, dass man ihre Errichtung nicht anstreben sollte. Steht einem eine Standweide jedoch bereits zur Verfügung, so bietet es sich an, diese mit einem festen Zaun in kleinere Koppeln zu unterteilen, die dann umschichtig genutzt werden. Oder man schafft sich einen Elektrozaun an und wandert mit diesem langsam über die Weise. Die Kombination von Elektrozaun und fester Einzäunung der gesamten Wiese ist die beste Lösung.

Umtriebskoppeln

Darunter versteht man das Vorhandensein mehrerer kleiner Wiesen, die umschichtig genutzt werden. Lässt man die Schafe nicht länger als fünf Tage hintereinander auf einer Koppel und gibt dieser hinterher eine ausreichende Ruhezeit, so ist die Verwurmungsgefahr für die Schafe deutlich verringert. Wenn man den richtigen Rhythmus konsequent einhält, reicht nun eine prophylaktische Entwurmung zweimal im Jahr aus. Umtriebskoppeln sind für eine artgerechte Schafhaltung gut geeignet. Ihr Nachteil besteht darin, dass man viele Koppeln mit entsprechendem Zaunmaterial braucht.

Hüten mit beweglichem Zaun – die Portionsweide

Als beweglicher Zaun kommt in erster Linie ein Elektrozaun in Frage. Die Verwendung von Hürden ist zu aufwändig und jene kleinen Zaunvierecke auf Rädern für wenige Schafe, wie sie in manchen Büchern vorgestellt werden, bewähren sich in der Praxis nicht.

Einen Elektrozaun kann man überall und auch in der Form aufbauen, wie es gerade benötigt wird. Ich selber bin ein Fan der gewöhnlichen, mehrfach geführten Nylonlitze, weil man mit diesem Zaunsystem über die Wiese wandern kann, ohne es abbauen oder umlegen zu müssen. Eine günstige Weideausnutzung unter Berücksichtigung der Verwurmungsgefahr erreiche ich dadurch, dass ich mit dem Elektrozaun nur ein kleines Karree der großen Wiese einzäune. Jeden Tag wird dieses Karree ein Stückchen versetzt, sodass die Schafe immer frisches Gras angeboten bekommen. Nach fünf Tagen liegt die wurmgefährdete Fläche außerhalb der Einzäunung. Auf diese Art wandere ich langsam über die gesamte Wiese.

Das Umstecken des Zaunes geht recht schnell, weil die Litzen in den Isolatoren frei beweglich sind. Die Pfosten einer Seite werden mit Litze an einer Ecke beginnend nach innen umgesteckt. So gewinnt man Platz, um die Pfosten an einer anderen Seite, zum Beispiel der gegenüberliegenden, weiter herauszuziehen (Pfosten 3 und 4 auf der Abbildung werden ausgehängt und bei Position 3a und 4a wieder eingefügt.). Das ist ein Kinderspiel, wenn man mit den Pfosten jeweils so läuft, dass die Litze straff bleibt und dadurch nicht am hohen Gras hängen bleibt. Anschließend wird unter dem neuen Stück Zaun gesenst, falls das Gras dort so hoch ist, dass es die unterste Litze berührt. Die Größe des Karrees richtet sich nach der Anzahl der Schafe und dem Nährwert der Wiese.

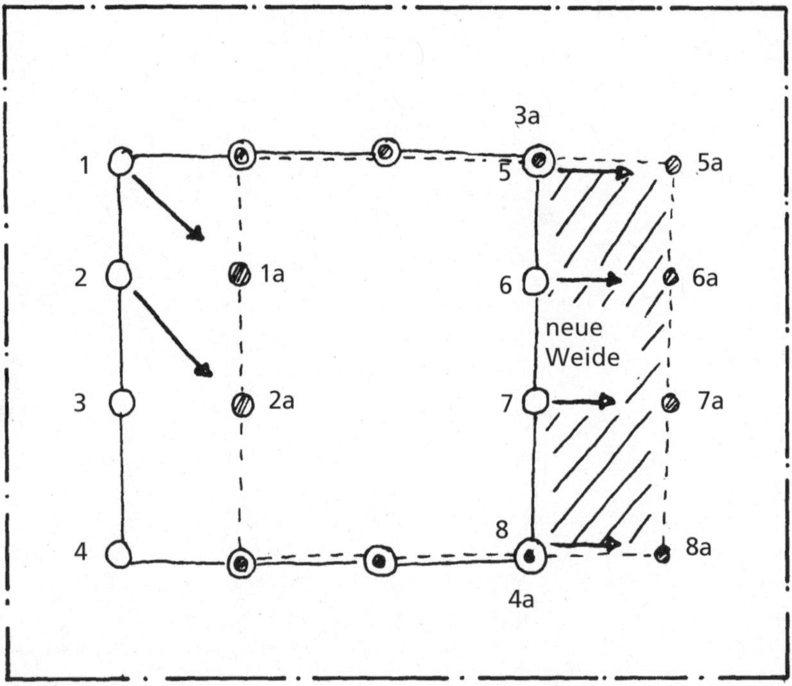

Es gibt natürlich noch andere Methoden, die Wiese portionsweise einzuteilen. Die beschriebene ermöglicht es, die Wiese ringsum abzuhüten; im Idealfall ist man nach frühestens sechs Wochen wieder auf dem Stück, mit welchem man begonnen hat. Verwurmungsprobleme kennen meine Schafe nicht und ich brauche keine hoch gewachsenen Inseln nachzumähen, da die Schafe ihre frischen Portionen vollständig auffressen.

Stehen Bäume oder Büsche auf der Wiese, so kann man leider nicht mit dem geschlossenen Zaun in der beschriebenen Art wandern, sondern muss ihn nach Bedarf aufrollen und neu stecken. Doch man bekommt darin schnell Übung und der Arbeitsaufwand dieser Weidetechnik hält sich deswegen in Grenzen. Für die Gesundheit der Schafe ist die Portionsweide in jedem Fall eine gute Voraussetzung.

Das Tüdern

Bekannt und weit verbreitet ist das Tüdern in der Ziegenhaltung. Ein Tier wird an einer beliebig langen Kette angebunden, deren anderes Ende an einem in den Boden geschlagenen Pflock befestigt wird. Die Kette ist meist fünf Meter lang und muss so befestigt sein, dass sie sich beim Rundumlaufen nicht aufwickelt. Ein Strick oder Seil ist zum Tüdern ungeeignet, da es meist einen Drall hat und dann zum Schlaufenbilden neigt, was für die Tiere sehr tückisch werden kann.

Das Tüdern ist eine sehr preiswerte Haltungsform, weil keine Zäune benötigt werden. Man kann die Tiere überall anbinden, wo es einem erlaubt wird. Vom Arbeitsaufwand her ist es aber nur für sehr wenige Tiere realisierbar.

Ich habe bewusst in diesem Zusammenhang bisher noch nicht über Schafe gesprochen. Es ist nämlich in meinen Augen zweifelhaft, ob man das Tüdern allgemein für Schafe empfehlen kann. Es gibt viele Fälle, wo die Schafe sich mit dem Weiden an der Kette nicht abgefunden haben; sie blökten nur herum und waren offensichtlich unzufrieden. Diese Beobachtung lässt sich vorwiegend bei Schafen machen, die aus großen Herden kommen oder auch zu einer Rasse gehören, die das Leben in einer großen Herde bevorzugt. Für solche Schafe möchte ich das Tüdern als nicht artgerecht bezeichnen und deshalb strikt ablehnen.

Anders können sich dagegen Schafe verhalten, die es gewohnt sind, ohne den engen Kontakt mit den Artgenossen zu leben oder die aus einer entsprechenden Rasse stammen. So gibt es beispielsweise einige Milchschafhalter, die ihre Tiere auf besonders saftigen Futterstellen tüdern und die Schafe wirken dabei zufrieden. Eine Garantie, dass ein Tier sich dafür eignet, gibt es jedoch nicht. Deshalb sollte man auf keinen Fall eine Schafhaltung mit der Absicht beginnen, die Tiere ausschließlich zu tüdern. Man kann es höchstens gelegentlich versuchen und muss dabei genau beobachten, ob diese Haltungsform für die Tiere vertretbar ist. Allgemein kann man das Tüdern eher für Ziegen empfehlen, da diese in dieser Hinsicht wesentlich anpassungsfähiger sind.

Der Unterstand

Schafe sind in idealer Weise mit ihrer Wolle gegen Kälte, Regen und Hitze geschützt. Trotzdem stellen sie sich gerne unter, wenn sie eine Gelegenheit dazu haben. Wer es also gut mit seinen Tieren meint, baut ihnen eine Gelegenheit dazu, sofern keine Schatten spendenden Bäume auf der Wiese vorhanden sind. Im Prinzip genügt ein schräges Dach auf Pfählen. Ist der Unterstand jedoch nach drei Seiten geschlossen, so kann er für einige robuste Schafrassen auch als Winterstall genutzt werden.

Die Errichtung eines festen Unterstandes ist in vielen Gegenden genehmigungspflichtig. Deshalb erkundigt man sich besser vorher danach. Sollte die Genehmigung verweigert werden, so kann man die Bestimmung umgehen, indem man zeitweilig einen fahrbaren Unterstand zu den Schafen stellt. Dies kann ein alter Bauwagen mit entsprechender Rampe sein oder ein nicht benötigter Viehhänger von ausreichender Größe oder was gerade zur Verfügung steht. Ist dieser Unterstand keine Dauereinrichtung, so wird es mit den Behörden keinen Ärger geben.

Die meisten Schwierigkeiten beim Aufstellen eines Unterstandes macht die Platzwahl. Er sollte nämlich stets für die Tiere erreichbar sein. Hier wird also gründliche Planung verlangt. Beim beschriebenen Wandern mit dem Elektrozaun steht der Unterstand am günstigsten in der Mitte der Wiese und man wandert strahlenförmig mit dem Zaun um ihn herum.

Ein fester Unterstand sollte nicht zu häufig benutzt werden, da der Boden um ihn herum dann sehr morastig wird. Solche Stellen begünstigen Hufkrankheiten und ihre Verbreitung. Günstig ist es also, wenn sich die Grasnarbe rings um einen Unterstand gelegentlich erholen kann. Deswegen sperrt man ihn großräumig ab, wenn die Witterung ihn nicht erforderlich macht.

Der Pferch

Ist auf der Wiese kein Unterstand vorhanden und ein Stall liegt nicht in unmittelbarer Nähe, so ist die Errichtung eines kleinen Pferches recht praktisch, besonders wenn man die Schafe öfters zusammentreiben und einfangen muss, um sie beispielsweise zu melken oder um eine Krankheit zu behandeln. Solch ein Pferch braucht kein Dach zu haben und kann aus einfachem Stangenholz oder aus einzelnen Hürdenteilen gefertigt sein. Wichtig ist, dass der Eingang groß genug ist, damit die Schafe willig und ohne Drängelei hineingehen. Ein Pferch kann auch dazu benutzt werden, die Tiere auf einen Hänger zu verladen.

Das Hüten

Werden nur wenige Schafe gehalten, so kommt das Hüten nicht in Frage, denn es ist arbeitsaufwändig und erfordert eigentlich die Anwesenheit von einem oder mehreren geübten Hütehunden.

Interessant ist in diesem Zusammenhang, dass früher die so genannten Gemeindeschäfereien weit verbreitet waren. Auf unzähligen Bauernhöfen wurden drei oder vier Schafe gehalten, denn die Wolle war ein wichtiges Produkt, auf das man damals noch nicht verzichten konnte. Während der Vegetationszeit wurden die Schafe eines Dorfes von einem hauptberuflichen Schäfer zu einer Hüteeinheit zusammengefasst und betreut. Die Gemeinde bezahlte den Schäfer, stellte ihm eine Wohnung zur Verfügung und suchte den gemeinsamen Bock aus. Er beweidete mit den Schafen alle

Flächen rings um das Dorf, die von anderen Tierarten nicht genutzt werden konnten. Auf diese Art wurde auch der Dorfplatz gepflegt. Im Winter arbeitete der Schäfer als Handwerker, Hausschlächter oder erledigte sonstige Gelegenheitsarbeiten in der Gemeinde. Es gab für ihn immer was zu tun. Schade, dass solch ein kooperatives Verhalten in den Dörfern unserer Tage nicht mehr erwartet werden kann.

Wer trotzdem einmal eine Fläche zum Abhüten angeboten bekommt, dem seien hier die wichtigsten Grundregeln erläutert: Die Schafe werden an die Futterstellen herangehütet und nicht hingetrieben. Damit auch die minderwertigen Futterstellen abgefressen werden, bietet man die besten Stellen zuletzt an. Vorsicht ist an Futterstellen geboten, wo Pflanzen wachsen, die Blähungen verursachen können (reine Kleebestände, Rübenblatt, Kohl) oder sonstwie zu einseitig sind (zu viel aufgelaufener Weizen auf einem Stoppelfeld kann beispielsweise Vergiftungserscheinungen verursachen). Auf solche Stellen darf man die Schafe nie hungrig führen und man muss sie langsam an dieses Futter gewöhnen (zunächst minuten-, später stundenweise). Die Schafe sollen täglich zweimal satt gehütet werden, dazwischen liegt eine mehrstündige Ruhepause zum Wiederkäuen. Schön ist es, wenn die Schafe auf Lockrufe des Schäfers reagieren und gegebenenfalls in seine Nähe kommen.

Das gelegentliche Hüten kann eine sehr entspannende Beschäftigung sein. Als Hauptberuf ist es jedoch Schwerarbeit. Rentabel ist nur das Hüten von mehreren hundert Schafen und entsprechend hoch ist der Aufwand.

Der Stall

Der Neubau eines Schafstalles wird für eine kleine Schafhaltung kaum in Frage kommen. Er ist kostenaufwändig und die baubehördlichen Bestimmungen können einem das Vorhaben zusätzlich verleiden. Wer es trotzdem wagen will, kann sich Anregungen und Beratung beim zuständigen Landesschafzuchtverband holen. Für die artgerechte Haltung werden wir uns aber besser an den Richtlinien für die Schafhaltung im ökologischen Landbau orientieren, nach denen im Schafstall perforierte Böden und Spaltenböden sowie dauerhafte Anbindung nicht erlaubt sind. Diese Richtlinien werden von den entsprechenden Verbänden herausgegeben und sind im Internet abrufbar.

In der Regel kommen für eine kleine Schafhaltung als Stall alte, bereits vorhandene Gebäude oder Schuppen in Frage, die den Ansprüchen entsprechend umgebaut werden. Diese Lösung ist billig und vielfach völlig ausreichend. Wir haben unsere Schafe beispielsweise in einer alten Schweinestallanlage untergebracht, die recht luftig und hell ist. Einen Teil der alten Buchteneinteilung haben wir belassen; die Buchten dienen als Bockstall, als Quarantänestation für Neulinge oder Kranke, als Ablammbuchten oder wann immer einzelne Tiere extra gehalten werden müssen. Auf der anderen Seite des Futterganges haben wir die Zwischenwände der Buchten entfernt und dadurch einen großen Gemeinschaftsstallraum erhalten. Durch die ehemalige Futterküche, dem Raum unter dem Dach und weiteren ungenutzten Stallbuchten ist genügend Bergeraum für die Unterbringung von Futtermitteln vorhanden. Nach dem Einbau von Raufen entlang dem Futtergang über den Trögen sind wir mit diesem Stall sehr zufrieden. Doch wir haben mit diesem Gebäude auch Glück gehabt. Die meisten Schweinestallanlagen sind nämlich entsetzlich dunkle Löcher, deren Nutzung für eine tiergerechte Unterbringung einen größeren Umbau nötig werden lässt.

Die Stallgröße

Hierbei und im Folgenden muss berücksichtigt werden, dass die Halter kleiner Schafherden allgemein auf eine gute Wollqualität Wert legen. Entweder soll die Wolle selbst versponnen werden oder sie bringt im Verkauf an Hobbyspinner einen kleinen Nebenerlös. Die Unterbringung der Schafe im Stall ist im Jahresverlauf jedoch die kritischste Zeit, in der durch Haltungsfehler die gute Wollqualität zunichte gemacht werden kann. Deswegen soll die Erhaltung der Wollqualität der entscheidende Maßstab für einen zufrieden stellenden Stall sein; sie ist gleichzeitig ein feinfühliger Maßstab, der die Gesundheit und das Wohlbefinden der Tiere selbstverständlich mitbeinhaltet.

Ein häufiger Haltungsfehler liegt darin, dass der Stall zu klein ist. Auch manche Bücher geben einen zu geringen Flächenbedarf an, was aber daran liegt, dass die Erhaltung der Wolle dort nur eine nebensächliche Rolle spielt. Die Tiere brauchen auch im Stall etwas Bewegungsfreiheit, wenn die Wolle nicht leiden soll. Pro Schaf sollte man deswegen etwa zwei Quadratmeter Stallfläche veranschlagen, dies als groben Anhaltspunkt. Bei einer ungünstig verteilten Grundfläche muss sogar von einem höheren Wert ausgegangen werden, bei einer großen Anzahl Tiere wird er kleiner sein können.

Die Fensterfläche sollte 20 bis 25 Prozent der Stallgrundfläche betragen, damit es hell genug ist und Pilze oder Milben sich nicht wohl fühlen. Vorteilhaft ist eine Raumhöhe von etwa drei Metern, sie erlaubt ein günstiges Luft/Raum-Verhältnis. An der Raufe sollten für jedes erwachsene Tier mindestens 50 cm zur Verfügung stehen, für ein Lamm genügt eine halbe Fressplatzbreite. Bei extra langer Wolle braucht ein Schaf mehr Platz.

Das Stallklima

Ein ungünstiges Stallklima ist die häufigste Ursache für eine Verschlechterung der Wollqualität. So trägt beispielsweise eine zu hohe Luftfeuchtigkeit bei gleichzeitiger Wärme zum Vergilben der Wolle bei. Außerdem schwitzen die Tiere übermäßig, ihr Wollvlies ist trotz dauerndem Stallaufenthalt nass und neigt zum Verfilzen. Im Extremfall führt ein falsches Stallklima sogar zu Erkrankungen, manche Lungenentzündungen im Winter gehen auf dieses Konto. Man muss also ein besonderes Augenmerk auf das Stallklima richten und dafür sorgen, dass es den Tieren angenehm ist.

Ein schafgerechter Stall ist:

- hell,
- luftig, aber zugfrei,
- trocken,
- für erwachsene Tiere kalt,
- im Lämmerbereich etwas wärmer.

Es ist eigentlich nicht schwer, diese Bedingungen zu erfüllen. Viel geholfen wird dadurch, dass man für reichliche Frischluftzufuhr sorgt. Bei auftretender Kälte darf man nicht von menschlichen Vorstellungen ausgehen, Schafe vertragen sie viel besser, als wir ahnen. Also nicht gleich alle Fenster schließen und abdichten. Die Frischluftzufuhr und der Luftaustausch ist in vielen Stallgebäuden für die Schafe wichtiger als der Schutz vor Kälte. Besonders Gebäude, in denen viel Beton verwendet wurde, neigen dazu, übermäßig feucht zu sein. Hier kann auf eine ständige Lüftung nicht verzichtet werden. Zur Kontrolle fasst man den Schafen gelegentlich ins Vlies. Es sollte sich bei ständigem Stallaufenthalt niemals völlig nass anfühlen. Aber: Man darf sich nicht täuschen lassen, einen feuchten Eindruck wird man meist schon durch das Wollfett erhalten.

Um von den menschlichen Kältevorstellungen in Bezug auf Schafe wegzukommen, dient die Tatsache, dass robuste Rassen durchaus in einem einseitig offenen Stall überwintern können. Die Tiere erfreuen sich dort bester Gesundheit, zeigen hervorragende Ablammergebnisse und ihre Wolle leidet in keiner Weise. Solch ein Stall ist also nach drei Seiten geschlossen und das muss er auch sein, denn Zugluft bekommt den Tieren nicht. Wer jetzt beabsichtigt, seine Schafe im Unterstand auf der Weide überwintern zu lassen, kann dies ruhig versuchen. Dabei muss aber beachtet werden, dass der Unterstand auch unter härtesten Wetterbedingungen von uns erreicht werden kann, denn die Tiere müssen im Winter täglich gefüttert und mit Wasser versorgt werden, eventuell muss man auch auf Geburten vorbereitet sein.

Wer über ein ausgesprochen warmes Stallgebäude verfügt, schert die Schafe am besten, bevor sie für den Winter eingestellt werden. Dann sollten die Temperaturen auch an den Tagen nach der Schur noch nicht zu niedrig sein. Frisch geschoren nehmen die Tiere im Stall erstaunlich wenig Platz weg. Man lässt sie in den ersten Tagen auf kleinem Raum dicht beieinander, damit sie sich gegenseitig wärmen. Außerdem brauchen sie größere Futtergaben, damit sie ihren erhöhten Energiebedarf ausgleichen können. Allgemein erweist sich dieser Schertermin als sehr günstig, sofern ein warmer und vor allem zugfreier Stall vorhanden ist. Die Wolle »frisch von der Wiese« ist von allerbester Qualität. Auf einen Schertermin im Frühjahr wird bei dieser Methode verzichtet.

Die Stalleinrichtung

Auch bei der Konstruktion der Stalleinrichtung und den zu verwendenden Materialien ist darauf zu achten, dass die Qualität der Wolle nicht angegriffen wird. Gleichzeitig sind praktische Erwägungen zu berücksichtigen: Die Arbeiten im Stall wie Füttern und Tränken sollen möglichst einfach und schnell ausgeführt werden können.

Als **Material** für die Stalleinrichtungen bevorzuge ich Holz. Daraus lässt sich mit einfachen Mitteln alles bauen und reparieren. Selbstverständlich lasse ich das Holz unbehandelt, denn auch Schafe sollen nicht mit giftigen Holzschutzmitteln in Berührung kommen. Auch Karbolineum oder Altölanstriche haben im Schafstall nichts zu suchen. Einmal würden sie die Wolle verschmutzen und unbrauchbar machen und zum anderen ein Gesundheitsrisiko darstellen. Vor der Anwendung von Karbolineum im Innenbereich warnt sogar das Bundesgesundheitsamt, als Teeröl-Präparat gast es noch lange Zeit aus und führt auf Dauer zu schweren Erkrankungen der Atmungsorgane. Trotzdem sieht man immer wieder, dass Unterstände oder Stalleinrichtungsteile damit gestrichen werden. Wer das Holz unbedingt behandeln will, sollte zumindest auf die meist besser verträglichen biologischen Holzschutzmittel zurückgreifen. Nötig ist eine Behandlung jedoch nicht unbedingt. Holz, das mit Mist in Berührung kommt, wird in jedem Fall angegriffen; hier kann nur eine kluge Konstruktion helfen. Ich habe mit meinen naturbelassenen Holzteilen jedenfalls gute Erfahrungen gemacht, und Holz ist gegenüber Metall ein preiswertes und leicht zu handhabendes Material.

Bei der Konstruktion der Stalleinrichtung muss auch die ständig wachsende Mistschicht berücksichtigt werden. Die Einstreumethode in den meisten Ställen ist nämlich die so genannte Matratzenstreu: Bei Bedarf wird neues Stroh auf die alten Lagen gegeben. Im Laufe des Winters wächst die Schicht und kann eine beträchtliche Höhe erreichen.

Ein wichtiges Einrichtungsstück im Schafstall ist die **Futterraufe.** Ihrer Konstruktion sollte man besondere Aufmerksamkeit schenken, denn hier geschehen leicht Fehler. Es ist nämlich ärgerlich, wenn Heu aus den Sprossen rieselt und den Schafen in den Nacken fällt. Die Wolle ist an diesen Stellen verdorben. Mit der Zeit wird dort so viel Heu »eingefüttert«, dass man sie nicht mehr reinigen kann. Es ist also ratsam, die Sprossen nicht beliebig hoch zu bauen, sondern nur einen Bereich von etwa 30 cm in Kopfhöhe der Schafe damit zu versehen. Damit man trotzdem Stauraum erhält und die Tiere das Heu nicht von oben herausangeln können, wird die Fläche nach oben mit geschlossenen Brettern fortgesetzt. Dies ist das so genannte Nackenbrett. Vorteilhaft ist außerdem, die Sprossen senkrecht anzuordnen. Damit das Heu oder auch anderes Futter nachrutschen kann, befindet sich im Futterraum eine schiefe Ebene. Schließt die Raufe unten mit einem Trog ab, so geht kein Futter verloren und sogar die Kraftfutterrationen können über diese Konstruktion gegeben werden. Der lichte Abstand zwischen den Sprossen soll je nach Maulbreite der Tiere 6 bis 7 cm nicht übersteigen, sonst ziehen sie zu viel heraus oder stecken ihren Kopf rein. Pro erwachsenem Schaf müssen wenigstens 50 cm Raufenlänge zur Verfügung stehen. Insgesamt kann die Raufe so eine beträchtliche Länge haben. Man kann sie auch so konstruieren, dass sie beidseitig zu benutzen ist, dann kann sie als Raumteiler dienen. Am besten stellt man sie so auf, dass sie die Begrenzung zu einem Futtergang bildet, weil sie von dort aus am einfachsten gefüllt werden kann.

Eine weitere nützliche Sache im Schafstall sind **Gitter,** mit denen man den Stallraum unterteilen kann, wenn dies nötig ist. Für die Zeit der Geburten kann es beispielsweise praktisch sein, kleine Buchten zur Verfügung zu haben, damit einzelne Tiere nicht gestört werden. Oder kranke Tiere sollen extra gehalten werden, damit sie die anderen nicht anstecken. Möglichkeiten gibt es viele, diese Gatter zu benutzen. Eine Höhe von etwa einem Meter ist ausreichend. Fünf Holzlatten übereinander er-

füllen ihren Dienst. Man kann die Gatter sogar so konstruieren, dass sie ausgezogen werden können und damit für verschiedene Längen passen.

Hat man mit dem Nachwuchs noch große Dinge vor, so versieht man einzelne Gatter mit einem **Lämmerschlupf.** Unten lässt man einfach ein Quadrat von 40 bis 50 cm frei. Die Lämmer können hier durchlaufen und nebenan besondere Kraftfutterrationen, oder was man ihnen anbieten will, erhalten. Die Mütter sollten nicht durch diese Öffnung passen. Da sie es in jedem Fall versuchen werden, muss das Gatter stabil sein. Mitunter sollen die Lämmer auch von ihren Müttern wenigstens stundenweise abgesperrt werden (bei Euterverletzungen oder dem allmählichen Absetzen der Lämmer in der Milchschafhaltung), dann verschließt man den Lämmerschlupf einfach.

Für viele Milchschafhalter gehört ein **Melkstand** zur Stalleinrichtung. Die Tiere werden zum Melken einzeln auf eine erhöhte Ebene geführt, man braucht sich nicht so zu bücken und kann bequem im Sitzen melken. Meist bekommt das Schaf gleichzeitig seine Kraftfutterration. Damit es beim Melken stillsteht, wird sein Kopf in einer prangerähnlichen Vorrichtung festgeklemmt. Ich bin bisher ohne einen Melkstand ausgekommen und halte es auch für unvorteilhaft, während des Melkens zu füttern. Kein Schaf frisst, während die Lämmer trinken. Vielmehr wird es dabei zum Wiederkäuen angeregt und ein gesundes Tier tut dies auch.

Als **Tränke** reicht im Stall bei wenigen Tieren ein stabiler Plastikeimer aus. Ein in die Wand geschraubter Haken hält den Henkel. Beim Füttern schaut man nach, ob das Wasser verunreinigt ist und wechselt es im Bedarfsfall, mindestens jedoch einmal täglich. Es muss immer genügend Wasser angeboten werden. Das Wasserschleppen macht zwar Arbeit, dafür gibt es im Winter aber weniger Probleme mit eingefrorenen Leitungen wie bei den Selbsttränken. Außerdem muss man den Schafen nicht das eiskalte Leitungswasser anbieten. Sind Wasserleitungen im Stallgebäude bereits vorhanden, so kann man die für Schafe konstruierten Tränken benutzen. Herkömmliche Großviehtränken sind ungeeignet. Die Neuinstallation einer Selbsttränkanlage ist teuer und nicht immer möglich.

Bei allen Stalleinrichtungen ist darauf zu achten, dass sie **keine Verletzungsgefahr** bieten. Elektrische Kabel sind so zu verlegen, dass sie von den Tieren nicht erreicht werden können. Hervorstehende Nägel sind eine häufige Gefahrenquelle, kaputte Teile sollten schnell repariert werden. Holz sollte schon der Haltbarkeit wegen verschraubt werden. Wichtig ist auch, dass die Futtermittel so gelagert werden, dass sie auf keinen Fall von den Tieren erreicht werden können. Gerade im Stall ist es wichtig, ein Auge auf die möglichen Verletzungsgefahren zu werfen, und wenn man sie rechtzeitig erkennt, kann man viel Unglück in der Schafhaltung abwenden.

Der Auslauf

Ein Wiesenstück vor dem Stallgebäude, das fest eingezäunt ist, ist als Auslauf ideal. Denn so kann man den Schafen an vielen Tagen während der Stallperiode Bewegung im Freien verschaffen. Das wirkt sich äußerst günstig auf die Gesundheit und die kommenden Geburten aus. Ein Auslauf ist auf jeden Fall eine empfehlenswerte Einrichtung.

Zum Verständnis der Verdauungsvorgänge

Um ein Schaf richtig füttern zu können, ist es wichtig, die besonderen Verdauungsvorgänge kennen zu lernen. Als Wiederkäuer besitzt es ein System von vier Mägen, die es befähigen, rohfaser- und zellulosereiches Futter zu verwerten, das andere Tiere nicht ohne weiteres aufschließen können. Das Schaf nimmt seine Nahrung relativ schnell auf und zerkleinert sie zunächst nur oberflächlich, um sie in den Pansen zu schlucken. In diesem großen Vormagen werden die Futterstoffe gut durchmischt und einer wichtigen Vorverdauung unterzogen: Millionen von Mikroorganismen bearbeiten die Futterstoffe, damit ihre Nährstoffe später bei der endgültigen Verdauung im Labmagen erreichbar werden. Um ihre Arbeit im Pansen zufrieden stellend erfüllen zu können, benötigen diese Mikroorganismen ein besonderes Milieu, das durch einen leicht alkalischen pH-Wert, durch seine spezifische Temperatur und auch durch seine besondere Struktur charakterisiert werden kann. Wird dieses Milieu gestört, so sterben die Mikroorganismen; es kommt zu Verdauungsstörungen. Die Arbeit der Mikroorganismen im Pansen kann deutlich gehört und gefühlt werden; bei einer regen Tätigkeit lassen sich laute Geräusche und Bewegungen vernehmen, die durch die entstehenden Pansengase verursacht werden. Wenn es also auf der Pansenseite ordentlich gurgelt, grummelt und zuckt, so hat das Schaf eine gesunde Verdauung; hört man jedoch nichts und lassen sich auch keine Bewegungen ausmachen, so stimmt etwas mit dem Panseninnenleben nicht.

Ein weiteres Zeichen für eine einwandfrei funktionierende Verdauung ist eine ausgiebige Wiederkäutätigkeit während der Ruhepausen. Der im Pansen richtig vorbereitete Nahrungsbrei wird nämlich, nachdem er den Netzmagen erreicht hat, erneut in die Mundhöhle befördert, um dort ein zweites Mal durchgekaut zu werden, diesmal aber mit Gründlichkeit und Ruhe. Ein gewissenhafter Schäfer achtet beim Beobachten der Tiere auf diese Wiederkäutätigkeit; ist sie vorhanden, so liegt keine Verdauungsstörung vor. Es sollte zur Angewohnheit eines jeden Schafhalters werden, darauf zu achten.

Verschiedene Futterbedingungen und ihre Folgen

- Die Struktur der Futtermittel im Pansen ist ausschlaggebend für das Gedeihen der Mikroorganismen. Grobes Futter schafft ihnen genügend Hohlräume und damit Lebensraum, feines Futter bewirkt das Gegenteil. Breiiges oder musförmiges Futter verhindert die Entwicklung der Pansenorganismen und wird schlecht wiedergekäut. Man achte also auf die Aufnahme ausreichender Mengen grober Futtermittel und biete den Schafen gegebenenfalls Heu oder Stroh an. Von Belang ist dies beispielsweise im zeitigen Frühjahr, wenn die Tiere sich über die ersten zarten Gräser hermachen oder beim Abweiden eines Kleefeldes, auf dem harte, überständige Gräser fehlen.
- Plötzliche Futterumstellungen sind zu vermeiden, da die Mikroorganismen im Pansen aus ihrem gewohnten Milieu gerissen werden. Da sie sich nur allmählich umstellen können, wird ihre Zahl drastisch reduziert. Eine langsame Futterumstellung machen sie dagegen gut mit.
- Kraftfuttergaben dürfen nie zu hoch sein, weil der Abbau der leicht verdaulichen Getreidestärke im Pansen sehr schnell vonstatten geht und es dadurch zu einer erhöhten Säurebildung kommt. Deshalb wird das Kraftfutter auf mindestens zwei Gaben pro Tag verteilt; die einzelne Gabe darf 500 g nie übersteigen, normalerweise wird sie etwa 300 g betragen.
- Küchenabfälle dürfen nur verfüttert werden, wenn sie sauber sind, frisch wirken und niemals verschimmelt sind. Auch hier geht es darum, die Mikroorganismen im Pansen nicht negativ zu beeinflussen.
- Gefrorenes Gras darf von den Schafen durchaus gefressen werden, solange sie es nicht auf nüchternen Magen und in überstürzter Eile aufnehmen. Das würde zu einem Temperatursturz im Pansen führen, den die Mikroorganismen nicht verkraften. Günstig ist es, wenn die Schafe sich das Gras unter einer Schneedecke hervorkratzen müssen, dann sind sie gezwungen, es nur langsam aufzunehmen.

Die Lebensbedingungen der Mikroorganismen im Pansen verdienen also eine besondere Aufmerksamkeit. Das Unwissen über diese Zusammenhänge ist für manchen Fütterungsfehler verantwortlich. Beim Erkennen eines Fehlers setzt man die betroffenen Tiere sofort auf strenge Diät und bietet ihnen nur relativ grobes Heu an, um die Mikroorganismen wieder zu beleben und die Wiederkäutätigkeit anzuregen.

Fütterung und andere Arbeiten im Sommer

Eigentlich sollte man davon ausgehen, dass sich die Schafe während der Weidesaison allein von der Wiese ernähren. Dies ist die billigste und sicherlich auch die gesündeste Art der Haltung. Sie lässt sich problemlos realisieren, wenn die Tiere auch über Nacht auf der Wiese bleiben können. Beim Daueraufenthalt im Freien fressen sie langsam und in kleinen Portionen, was die Verdauungsvorgänge nicht belastet. Auch wenn die Schafe ihren Flüssigkeitsbedarf zeitweilig durch die Aufnahme von feuchtem Gras decken, so muss ihnen trotzdem täglich **frisches Wasser** in einem sauberen Eimer oder einem anderen brauchbaren Gefäß angeboten werden. Besonders in trockenen Perioden ist darauf zu achten, dass sich stets Wasser in dem Behälter befindet. Man befestigt ihn an einem Zaunpfahl, dann können die Tiere ihn nicht umstoßen. Der Behälter wird in regelmäßigen Abständen gereinigt. Schafe reagieren sehr empfindlich auf Verschmutzung und artfremde Gerüche; sie verweigern beispielsweise das Wasser, wenn zuvor ein Hund davon getrunken hat. Neben dem Wasser bietet man ihnen stets einen für Schafe geeigneten, kupferfreien **Salz- oder Mineralleckstein** an. Er wird am besten ebenfalls an einen Pfahl gebunden oder regensicher im Unterstand angebracht. Ein Salzleckstein reicht während der Weidesaison allgemein aus, man nehme aber auf keinen Fall einen, der für Rinder bestimmt ist.

Für Schafe, welche die Nacht im Stall verbringen, stellt sich morgens ein Problem. Wenn sie in aller Frühe hungrig auf die Wiese gebracht werden, stürzen sie sich gierig auf das meist noch taunasse Gras. Das kann aus schon erklärten Gründen unangenehme Folgen für die Verdauung haben und birgt auch vermehrt die Gefahr, Wurm oder Leberegellarven mitaufzunehmen. Erwünscht sind also Schafe, die ruhig und bedächtig ihre Nahrung auswählen und sie nicht gierig hinunterschlingen. Erreichen kann man das, indem den Schafen über Nacht **Heu oder Stroh** in der Raufe angeboten wird, sie haben dann ihr erstes Frühstück morgens bereits hinter sich. Allerdings darf die Raufutterqualität nicht zu schlecht sein, sonst rühren die Tiere es nicht an, der Sprung zur Wiesenqualität wäre zu groß. Ein Nachteil der nächtlichen Stallhaltung liegt in den auftretenden Futterkosten.

Schafe, die überdurchschnittliche Leistungen vollbringen, erhalten regelmäßige **Kraftfuttergaben.** Das können einmal Tiere sein, die schwach sind und sich von einer schweren Krankheit erholen, es können aber auch Mütter mit Mehrlingsgeburten sein und in jedem Fall sind es Milchschafe, die gemolken werden. Die einzelne Ration darf 500 g niemals übersteigen, damit es zu keiner Pansenstörung kommt. Schwache Tiere erhalten meist eine einmalige Portion von etwa 200 g täglich, hier soll das Kraftfutter nur vorübergehend eine kleine Aufbauhilfe sein. Milchschafen gibt man je nach Leistung etwa 300 g, und zwar jeweils morgens und abends. Diese Angaben sind Anhaltswerte, die tatsächliche Gabe hängt in erster Linie vom Nährwert der Wiese ab. Zum besten Kraftfutter für milchgebende Schafe zähle ich das ganze, ungebrochene Haferkorn. Andere Getreidearten wie Gerste sind eher für die Mast geeignet. Gequetschtes oder gemahlenes Getreide ist weniger haltbar, gemahlenes ist darüber hinaus ungeeignet, da es zu leicht eingeatmet wird und in der Lunge statt im Magen landet. Die Schafe können das ganze Korn durchaus aufschließen und bekommen dabei noch ein besseres Sättigungsgefühl.

An dieser Stelle sind ein paar Worte zu den im Landhandel käuflichen Kraftfuttermischungen zu sagen. Diese Mischungen enthalten sicher alles, was ein Tier braucht, doch leider hat es sich erwiesen, dass sie mitunter noch einiges mehr enthalten können. Wir alle wissen: BSE hätte sich nie in dem bekannten Maße ausgebreitet, wenn den Futtermischungen für Rinder nicht das Tiermehl BSE-erkrankter Tiere zugefügt worden wäre! Allein die Tatsache, Pflanzenfressern Tiermehl vorzusetzen, erscheint mir als eine Perversion sondergleichen und lässt sich nur aus der Profitgier der Hersteller erklären. Und um noch einen obendrauf zu setzen: Manche Futtermittelhersteller paaren ihre Profitgier mit einer Skrupellosigkeit, die ihresgleichen sucht. So finden sogar Industrieabfälle ihren Weg in die Futtermittel, ja manchmal kann man sogar den Eindruck gewinnen, dass Giftmüll übers Tierfutter »entsorgt« wird, wobei letztlich das Tier oder gar der Mensch zum Endlager wird! Ich brauche hier keine konkreten Fälle aufzuzählen, wer nur regelmäßig die Nachrichten beobachtet, wird feststellen, dass solche Skandale viel zu häufig auftreten. Dann werden gentechnisch veränderte Getreide, Bohnen und anderes angebaut, um in Futtermischungen verarbeitet zu werden, undeklariert, und unklar bleiben die Folgen für Tier, Mensch und Umwelt. Um es kurz zu machen: Ich lehne Futtermischungen prinzipiell ab, solange die Kontrollen zur Herstellung nicht wesentlich verschärft angewendet werden und solange nicht eine detaillierte Deklaration der Bestandteile und deren Herkunft zwingend vorgeschrieben ist. Wir brauchen Aufklärung bis ins letzte Detail, damit uns unsere Zweifel genommen werden, und wir brauchen wieder Vertrauen in die Futtermittelindustrie. Derzeit scheint mir das noch ein langer Weg zu sein. Einzig die Hersteller biologischer Futtermittel sorgen für mehr Aufklärung und verdienen daher mehr Vertrauen. Persönlich verzichte ich völlig auf Futtermischungen und verwende, wie bereits erwähnt, ausschließlich reine Getreidearten im ganzen Korn.

Zu den **täglichen Arbeiten** während der Weidesaison gehört neben der Wiesenzuteilung und dem Tränken das Beobachten der Schafe. Das Augenmerk gilt folgenden Fragen: Fressen die Tiere intensiv? Käuen sie gründlich wieder? Laufen sie einwandfrei, ohne zu humpeln und zu hinken? Fällt etwas an ihrem Verhalten besonders auf? Diese Beobachtungen werden aus einiger Entfernung gemacht, damit die Schafe ihr Verhalten ungestört zeigen.

Die **Arbeiten im Rhythmus des Jahres** lassen wir in diesem Buch mit der Weidesaison beginnen. Bevor diese losgeht, werden die Schafe im Stall vorbereitet: Sie werden entwurmt und ihre Klauen werden kontrolliert, im Bedarfsfall geschnitten. Wenn keine Nachtfröste mehr zu erwarten sind und eine milde Wetterperiode angekündigt wurde, werden die Tiere geschoren (sofern man sich nicht zur regelmäßigen Winterschur entschlossen hat, siehe Seite 117). Im Zusammenhang mit der Schur können auch gleich die Klauen geschnitten werden, kontrolliert werden sie auf jeden Fall, wenn man die Tiere schon mal zur Hand hat. Im Laufe des Sommers kommt der Zeitpunkt, an dem die Lämmer von den Muttertieren getrennt werden und damit die Entscheidung, was mit ihnen geschehen soll. Für den neuen Nachwuchs im nächsten Jahr schaut man sich rechtzeitig nach einem geeigneten Bock um.

Die Erntezeit ist ein günstiger Zeitraum, um sich um die noch nicht vorhandenen Winterfuttervorräte zu kümmern; kauft man sie jetzt ein, so sind sie am billigsten, allerdings muss man sie gut einlagern können. Zum Ende der Weidesaison werden die Schafe wieder mit Entwurmung und Klauenkontrolle und -schnitt auf die Winterperiode im Stall vorbereitet.

Klauenschnitt

Die Schafe haben wenig Gelegenheit, ihre Klauen auf natürliche Weise kurz zu halten. Stall und Wiese haben einen weichen Boden, nur selten bewegen sie sich viel auf steinigem oder felsigem Untergrund. Wenn die Klauen nicht regelmäßig kontrolliert werden (alle drei Monate) und das überstehende Horn nicht zurückgeschnitten wird, so kommt es zu Verwachsungen, die das Schaf beim Laufen behindern und die Entstehung von Infektionen begünstigen. Das Horn der äußeren Klauenwand schiebt sich über den Sohlenrand hinweg und biegt sich unter dem Gewicht des Tieres um. Zwischen Sohle und umgebogener Hornwand entsteht ein Hohlraum, in dem sich Mist, Erde und Steine sammeln, ein idealer Nährboden für Infektionserreger. Im Extremfall rollt sich das Horn zu schnabelartigen Tüten, der Fuß kann nicht mehr normal aufgesetzt werden und

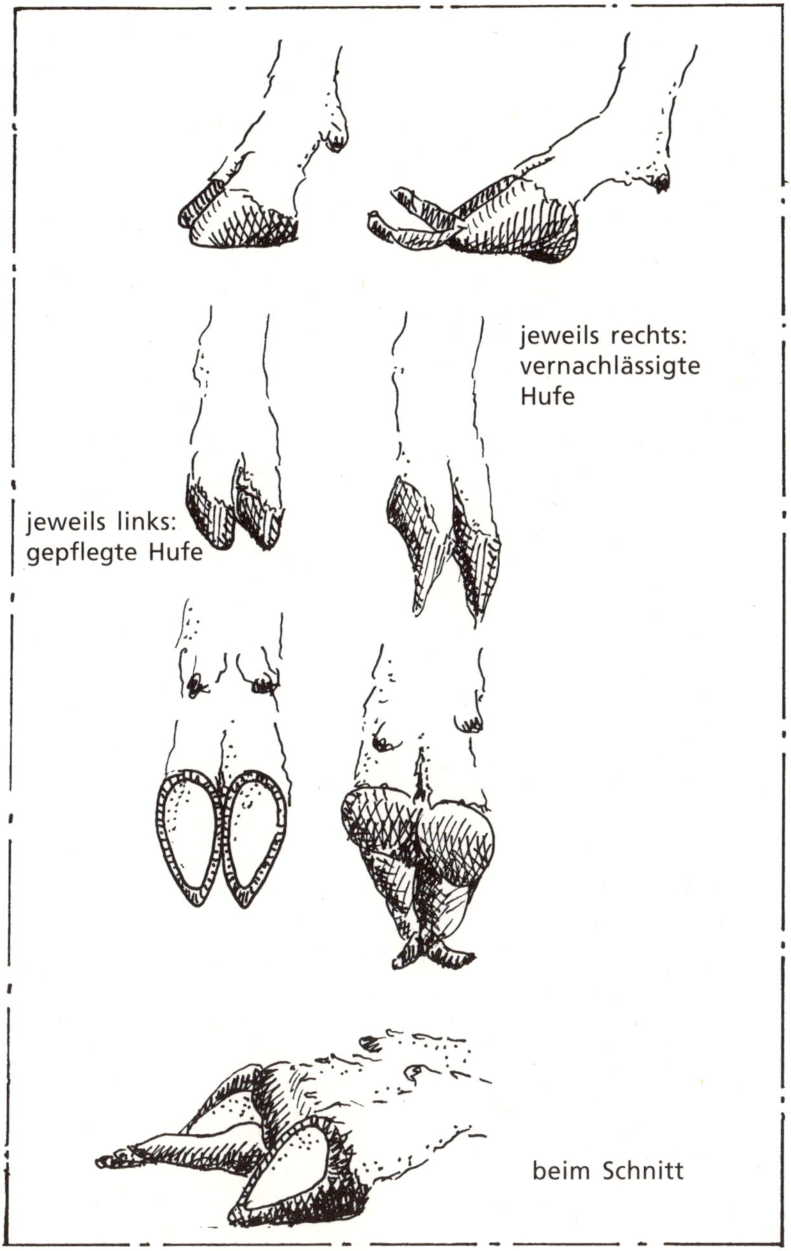
jeweils rechts:
vernachlässigte
Hufe
jeweils links:
gepflegte Hufe
beim Schnitt

wird durchtrittig. Je stärker die Verformungen sind, desto schwieriger und zeitaufwändiger wird das Zurückschneiden. Doch so weit sollte es gar nicht erst kommen.

Zur Vorbeugung kontrolliert man die Klauen jedes Vierteljahr. Dazu kratzt man mit einem Messer vorsichtig die Seitenwände und die Sohle sauber. Ist die Hornwand über die Sohle hinausgewachsen, schneidet man jede Wand vom Ballen zur Spitze hin auf das Sohlenniveau zurück. Dazu kann man eine kräftige Schere (Rosenschere) nehmen oder ein scharfes Messer. Bei der Schere besteht weniger Gefahr ins »Leben« zu schneiden, sie ist also für ungeübte Hände besser geeignet. Geschnitten wird nur das Horn! Verletzungen »Leben« führender Partien der Klauen bluten stark und heilen schwer, weil Krankheitserreger aus dem Boden ungehindert eindringen können. Sollte es jedoch einmal passiert sein, wird die Wunde desinfiziert und nach Möglichkeit mit einer Klauenpaste verschlossen.

Zum Klauenschneiden werden die Schafe wie auf Seite 29 beschrieben umgesetzt. Sie sitzen also auf ihrem Hinterteil und halten relativ still, die Arbeit kann alleine ausgeführt werden. Vorsicht ist trotzdem geboten. Die eine Hand hält das entsprechende Bein sehr fest, damit das Schaf nicht plötzlich losstrampeln kann.

Bei Lämmern sollte man mit der Klauenkontrolle möglichst früh beginnen, damit sich die Sohlen nicht zu schmal entwickeln. Von Vorteil ist es natürlich, wenn sich auf dem Weideland auch Steinflächen befinden. Man sollte sie auf jeden Fall mit einzäunen, denn wenn das Horn natürlich abgenutzt wird, erspart man sich viel Arbeit.

Fütterung und andere Arbeiten im Winter

Während der Stallperiode sind die Schafe allein auf das Futter angewiesen, das wir ihnen anbieten. Bei einseitiger Fütterung haben sie keine Möglichkeit, Fehler im Futterangebot auszugleichen – es ist also eine heikle Sache. Die Lösung liegt im vielseitigen Futterangebot, so können die Schafe auswählen, was ihnen bekommt und was nicht.

Raufutter in Form von gutem Heu und auch Stroh sollte sich stets in ausreichender Menge in der Raufe befinden, damit die Schafe davon nehmen können, so viel und so oft sie wollen. Das Raufutter schafft die richtige Struktur für die Mikroorganismen im Pansen, es gleicht unausgewogene Eiweiß-Stärke-Verhältnisse in der übrigen Ernährung aus und verhindert damit Verdauungsstörungen. Heu und Stroh haben also eine zentrale Bedeutung für die Schafernährung und dürfen niemals fehlen. Selbst die Einstreu kann zunächst in die Raufe gegeben werden, damit die Tiere sich noch die Teile heraussuchen können, die sie gerne fressen wollen. Der Rest landet dann auf dem Stallboden. Die Raufe wird morgens und abends frisch bestückt.

Im gleichen Rhythmus wird den Schafen **frisches Wasser** angeboten. Der Bedarf liegt jetzt höher als im Sommer, da im Winter mehr getrocknetes Futter aufgenommen wird. Nach Möglichkeit wird den Tieren kein eiskaltes Wasser angeboten. Besonders wenn sie durstig sind und große Mengen gierig aufnehmen, kann dies zu einem Temperatursturz im Pansen führen. Das Wasser darf aber nur ganz milde temperiert werden, »warme« Getränke bekommen den Schafen ebenfalls nicht.

Auf **Kraftfuttergaben** (Näheres zu Kraftfuttermischungen auf Seite 87) kann während der ersten drei Trächtigkeitsmonate verzichtet werden, sofern gutes Heu vorhanden ist. Es ist nämlich alles zu vermeiden, was die Tiere fett werden lässt. Erst im vierten und fünften Trächtigkeitsmonat fordern die heranwachsenden Lämmer eine erhöhte Nährstoffzufuhr. Damit die Muttertiere nun nicht ihre Körperreserven aufbrauchen, kann man ihnen geringe Kraftfuttergaben geben; etwa 250 g Hafer am Tag können als Anhaltspunkt dienen. Vor hohen Kraftfuttergaben während dieser Zeit sei gewarnt, sie erzeugen große Lämmer und damit schwere Geburten. Kurz vor den Geburten senkt man die Kraftfuttergaben, um sie zwei bis drei Tage nach den Geburten wieder aufzunehmen.

Schafe, die viel Milch produzieren müssen, erhalten nun etwa 200 bis 300 g Hafer jeweils morgens und abends. Böcke erhalten Kraftfutter nur während der Deckzeit, wo sie eine vermehrte Leistung bringen sollen.

Selbstverständlich muss im Stall auch ein **Salzleckstein** vorhanden sein. Wenn das Futter einseitiger wird, bietet man zusätzlich noch einen **Mineralleckstein** an oder verfüttert pulverisierte **Mineralstoffmischungen,** die man am zweckmäßigsten über einen Teil des Saftfutters streut, damit sie nicht in die Luftröhre gelangen (pro Tier ein Esslöffel am Tag). Alle Produkte dieser Art müssen deutlich als »für Schafe geeignet« ausgewiesen sein, denn sie müssen kupferfrei sein.

Als **Saftfutter** dienen hauptsächlich Steckrüben oder Runkelrüben, in kleineren Mengen können auch Futterkartoffeln gegeben werden. Die erdigen Teile werden so weit wie möglich entfernt. Praktisch ist es, wenn die Feldfrüchte in einer Rübenmühle zerkleinert werden können, dann bleibt so gut wie nichts übrig. Reicht man die Rüben dagegen ganz, so braucht man einen geeigneten Trog, damit sie nicht wegrollen, und die Schale bleibt für den Kompost oder die Kaninchen übrig, weil die Schafe sie von innen heraus aushöhlen. Pro Mahlzeit gibt man einem Schaf etwa zwei größere Rüben.

Diese wenigen Dinge reichen im Prinzip aus, um die Schafe für einige Zeit im Winter zu ernähren. Ein entscheidender Faktor ist dabei die Güte des Heus, je hochwertiger und vielseitiger es ist, desto vorteilhafter ist es für die Ernährung.

Steht nach einem verregneten Jahr nur schlechtes Heu zur Verfügung, so sollte man den Futterplan mit anderen Komponenten ergänzen. Saubere Gemüseabfälle aus der Küche oder dem Garten können beispielsweise zur erwünschten Vielfalt beitragen. Sie dürfen aber niemals verschimmelt oder angefault sein und sind von der Menge her meist nur ein Tropfen auf dem heißen Stein. Eine ergiebige Futterquelle kann sich am Gemüsestand auf dem Wochenmarkt oder durch einen Gemüseladen ergeben, dort fallen meist brauchbare Abfälle in größeren Mengen an. Vor dem Verfüttern müssen sie allerdings gründlich sortiert werden, denn der Futtertrog ist kein Mülleimer.

Wenn das normale Saftfutter gegen Ende des Winters knapp wird, kann man auf **Trockenschnitzel** mit geringem Zuckergehalt zurückgreifen. Zwei Doppelhände voll ergeben, zwölf Stunden vorher mit etwas Wasser eingeweicht, einen knappen halben Eimer, die Portion für ein bis zwei Tiere. Uneingeweicht würde ich die Schnitzel nicht verfüttern, da sie sonst in den Mägen um ein Vielfaches quellen, was auf Dauer nicht gesund sein kann.

Richtig bereitete **Silage** gilt als ein hochwertiges Futter, doch ich verfüttere sie ungern. Besonders für Milchschafe ist sie nicht zu empfehlen, denn sie wirkt sich noch drei Wochen später unangenehm auf die Milchprodukte aus. Der Rohmilch merkt man es kaum an, aber der Geschmack vom Käse lässt sich nur als penetrant bezeichnen. Vorsicht ist bei verdorbener oder schlecht gesäuerter Silage geboten, sie kann Ursache für schwere Erkrankungen sein.

So oft es möglich ist, soll den Schafen im Winter Bewegung im Freien gestattet werden. Dabei finden sie mitunter noch Grünzeug, das ihren Speiseplan bereichert. Wenn die Schafe nicht zu gierig sind, kann ihnen der Genuss von gefrorenem Pflanzenmaterial nicht schaden. Während der Stallsaison wird zweimal am Tag gefüttert und nach den Tieren gesehen. Frische **Einstreu** wird nach Bedarf meist über die Raufe gegeben. Haferstroh ist am besten geeignet, auch Weizenstroh ist gut verwendbar. Beide Arten haben eine gute Saugfähigkeit und verunreinigen die Wolle nicht. Dagegen sind Roggen- und Gerstenstroh wegen ihres hohen Grannenanteils weniger geeignet, denn die Wolle leidet und die Tiere sind unruhig, weil es piekt. Eine gelegentlich Gabe von Algenkalk über die Einstreu bindet zu stark werdende Stallgerüche, Holzasche in der Einstreu hat eine desinfizierende Wirkung. Besonders zur Zeit der Geburten achte man sehr sorgfältig auf einen sauberen und geruchsfreien Stallboden.

Beim Füttern und Einstreuen versucht man allgemein so vorzugehen, dass möglichst wenig Staub aufgewirbelt wird, der sich in der Wolle festsetzen könnte. Staubige Arbeiten verrichtet man am besten, wenn die Tiere draußen sind.

Arbeiten wie Klauenschneiden oder Entwurmen sollten in der zweiten Trächtigkeitshälfte nicht mehr ausgeführt werden, die Belastung ist für die Muttertiere zu hoch. Wir sehen, mit Überblick und Planungsvermögen lassen sich die Winterarbeiten im Stall so einrichten, dass sie bequem auszuführen sind.

Die Fortpflanzung

Gedanken zur Zucht

Es fällt nicht leicht, sich dem allgemeinen Vokabular der Schafzucht-Fachleute anzuschließen. Da ist oft die Rede von der Erfüllung einer Mindestnorm, von hochwertigem Zuchtmaterial, es wird selektiert und ausgemerzt. Der Abstammungsnachweis gibt Auskunft über die Höhe des Zuchtwertes, was zählt, sind Leistung und Nutzen.

Wer will, kann sich der edlen Zucht verschreiben und dem Kreis der Herdbuchzüchter beitreten (siehe dazu auch Seite 60f.). Es würde den Rahmen dieses Buches sprengen, die formulierten Zuchtziele und Körbestimmungen der einzelnen Rassen wiederzugeben. Wer weitergehende Angaben benötigt, als unsere Zusammenstellung ab Seite 41 enthält, der kann sich an den zuständigen Landesschafzuchtverband (siehe Anhang, Seite 174ff.) wenden; dort werden die eingetragenen Züchter betreut.

Rein zahlenmäßig gibt es weitaus mehr Schafhalter, die nicht in einem Zuchtverband organisiert sind. Man spricht hier von einer Gebrauchszucht, gegenüber der Herdbuchzucht. In der Gebrauchszucht sind keine Bestimmungen mehr gültig, die einen in der Wahl der Zuchttiere einschränken, trotzdem muss man sich der großen Verantwortung bewusst sein, die man bei der Weiterzucht hat. Die heutigen Schafrassen sind Ergebnisse jahrhundertlanger Zuchtbestrebungen und es wäre wirklich schade, wenn die besonderen Eigenschaften der Rassen durch leichtfertige Auswahl der Zuchttiere wieder verloren gehen.

Jeder Schafhalter, der wenigstens einen Teil des Nachwuchses großzieht und diesen wiederum Nachwuchs erzeugen lässt, ist auch ein Züchter. Ob organisiert oder nicht, er trägt in jedem Fall Verantwortung für die Eigenschaften der unter seiner Obhut entstandenen Lebewesen. Aus diesem Grunde sollte sich auch ein Hobby-Schafhalter verpflichtet fühlen, für eine Nachzucht die geeigneten Elterntiere auszuwählen. Diese Art der Selektion ist eine positive, man wählt die Tiere nach ihren guten Eigenschaften aus.

Als Beispiel dafür, wie wichtig eine verantwortungsbewusste Auswahl ist, dient das Folgende: Die Wollfarbe weiß ist ein jahrtausendealtes Zuchtziel, denn nur weiße Wolle kann beliebig eingefärbt werden. Nun wird die Wollfarbe weiß leider nur rezessiv vererbt, während schwarz dagegen dominant weitergegeben wird.

In der Praxis sieht es so aus, dass der Nachwuchs von einem schwarzen und einem weißen Schaf sowohl weiß als auch schwarz und auch mischfarbig (gefleckt oder meliert) erscheinen kann. Über die Jahre werden von diesem Elternpaar alle drei Variationen hervorgebracht werden. Die mischfarbigen Tiere sehen zwar meist sehr ansprechend aus, ihre Wolle ist aber nur eingeschränkt und verbunden mit einem größeren Arbeitsaufwand verwendbar. Der Haken bei dieser ganzen Angelegenheit liegt in den weißen Nachwuchsschafen. Sie sehen reinweiß aus, tragen aber in sich die Erbanlage für schwarze Wolle. Folglich kann es immer wieder einmal passieren, dass sie schwarze Lämmer hervorbringen. Und auch ihr weißer Nachwuchs kann wieder mit der Erbanlage schwarze Wolle ausgestattet sein, so wird sich das Problem über Generationen fortsetzen. Der weiße Nachwuchs, von dem hier die Rede ist, ist nicht mehr reinerbig weiß und diese Eigenschaft lässt sich auch nicht so schnell zurückzüchten, wie man sie verursacht hat.

Das Tückische: Man sieht es den weißen Schafen nicht unbedingt an, dass sie Erbträger für schwarze Wolle sind. Ein verantwortungsvoller Schafhalter wird sich also entweder für die schwarze Zuchtrichtung oder für die weiße entscheiden, aber er wird nur beide zusammen halten, wenn der gesamte Nachwuchs zum Schlachten bestimmt ist. Gerade für Leute, die ihre Wolle verspinnen wollen, ist es reizvoll, Tiere beider Farben zu besitzen. Doch sollte man sich hier wirklich nicht verleiten lassen, sondern lieber Wolle mit einem anderen Schafhalter tauschen, als zur Vermehrung der mischerbigen Wolltiere beizutragen. Dies war nur ein Beispiel für die Bedeutung der Auswahl der Zuchttiere.

Kriterien zur Auswahl der Mutterschafe

Ohne auf die besonderen Rassen einzugehen, soll hier in Stichworten ein allgemeiner Überblick zu den Fragen bei der Auswahl der Mutterschafe gegeben werden.

Äußere Erscheinung:

- Erwünscht ist ein guter Körperbau, wohl proportioniert, der Rasse entsprechend,
- ein gerader Rücken, eine richtige Beinstellung,
- ein geschlossenes Wollvlies, die erwünschte Wollqualität (Feinheit, Kräuselung, Farbe).

Verhalten:

- Gute Fresserin und
- gute Muttereigenschaften (kümmert sich um ihre Lämmer, lässt sie ausgiebig trinken und verteidigt sie).

Dann folgen die Fragen nach der

- Anzahl der Lämmer pro Geburt (Fruchtbarkeit) und
- wie schnell die Lämmer gewachsen sind (Rückschlüsse auf die Milchleistung).

Diese beiden Fragen werden auch für die Eltern und Großeltern gestellt, sofern sie sich beantworten lassen. Es ist nicht unklug, sich ein Stallbuch anzulegen, in dem man über die Jahre Angaben zu diesen Fragen sammeln kann. So weiß man über seine Tiere genau Bescheid, nichts wird vergessen oder durcheinander gebracht. Besonders ein Käufer der Lämmer wird sich über solche Aufzeichnungen freuen, denn er kauft nicht mehr die »Katze im Sack«.

Bockhaltung

Das Tierzuchtgesetz von 1936 schrieb vor, dass zur Weiterzucht ausschließlich gekörte Böcke, d. h. Vatertiere mit Zuchtbescheinigung, verwendet werden durften. Dieses Gesetz ist vor einigen Jahren liberalisiert worden, ein genereller Körzwang für Böcke ist nicht mehr vorgeschrieben. Nur für die Herdbuchzucht gilt, dass ausschließlich Vatertiere mit Zuchtbescheinigung (Körung) eingesetzt werden dürfen, so sieht es die Zuchtordnung der Zuchtverbände vor. Wer sich also der Herdbuchzucht verschrieben hat, muss dies weiterhin befolgen. Die Idee ist klar, Rassemerkmale sollen erhalten und verbessert werden, Zuchtprogramme zum Erfolg führen.

Für alle anderen Schafhalter gilt nach den aktuellen Bestimmungen, dass sie nun einen beliebigen Bock für die Weiterzucht auswählen können. Das ist eine große Erleichterung, denn kleinere Schafhaltungen konnten sich einen gekörten Bock selten leisten, und so griff man früher verbotenerweise häufig auf Böckchen zurück, die zu einer Weiterzucht nicht unbedingt geeignet waren. Große Auswahl hatte man nicht, denn die Bockwahl sollte ja möglichst niemand mitbekommen.

Nun darf ich hier offen an die hohe Verantwortung appellieren, die einem mit der freien Bockwahl auferlegt wird, und der sich jeder Schafhalter bewusst sein sollte. Ein Bock gibt seine guten, aber auch seine schlechten Merkmale weiter, und zwar nicht nur an die direkten Nachkommen, sondern auch an alle folgenden Generationen. Ein einzelner Schafbock kann Hunderte von Nachkommen zeugen und prägt damit den Schafbestand seiner Umgebung, möglicherweise sogar einer ganzen Region. Die Auswahl will also wohl bedacht sein, denn an einem Abfall des Zuchtstandards der eigenen Tiere wird niemand ernsthaft interessiert sein.

Wir schauen also unbedingt danach, dass ein Bock die gewünschten Rassemerkmale zeigt, dass er kräftig, gesund und wohl gebaut ist, dass er friedfertig erscheint und aus einer Linie stammt, die mit unseren Muttertieren nicht verwandt ist. Da er für eine Gebrauchszucht nicht mehr gekört zu sein hat, können wir nun über Anzeigen oder unter Schafhaltern im näheren Umkreis offen nach einem geeigneten suchen, ohne ein schlechtes Gewissen haben zu müssen. Allerdings sollten wir darauf achten, dass er aus einem Maedi-Visna-unverdächtigen Bestand kommt (siehe dazu Seite 162). Preislich gesehen liegt solch ein Bock um einiges unter dem eines gekörten Tieres.

Auf den ersten Blick ist es sehr praktisch, wenn man einen **eigenen Bock** halten kann, denn der Nachwuchs stellt sich ohne großen Aufwand ein, wenn der Bock zur Paarungszeit mit den Muttertieren läuft. Den größten Teil des Jahres kann er mit abgesetzten Lämmern auf der Wiese stehen, auch eine kleine Herde von Bocklämmern wird ihn glücklich machen. Im Stall würde ich ihm eine eigene Box mit mindestens 4 qm Grundfläche in Sichtkontakt zur Herde einrichten. So haben die Muttertiere ihre Ruhe vor ihm und alle sind glücklich.

Bei der Haltung von nur wenigen Muttertieren ist ein Bock aber leider nicht ausgelastet. Nun bietet es sich an, dass man ihn anderen Kleinschafhaltern gegen eine Gebühr zum Decken bereitstellen kann. Entweder bringen sie ihre Muttertiere zu uns, oder wir verleihen ihn. Mir gefällt diese Vorgehensweise aber nicht, denn mein Tierbestand ist gesund und soll es möglichst auch bleiben. Es geschieht zu leicht, dass man sich Wollparasiten oder unangenehme Krankheiten einschleppt, die man oft selbst bei genauer Begutachtung fremder Tiere erst erkennt, wenn es bereits zu spät ist. Mir ist das Risiko einfach zu groß, das sich ergibt, wenn man häufiger mit fremdem Tierbestand engen Kontakt hat. Also versuche ich mir alle Gesuche anderer Schafhalter nach unserem Bock fern zu halten. Unser Bock würde vielleicht anders entscheiden …

Will man seine Herde mit einem eigenen Bock durch Nachzucht vergrößern, ergibt sich bereits im zweiten Jahr das Problem der Inzucht: Der eigene Bock ist ja der Vater des bereits erhaltenen Nachwuchses. Ein weiteres Gebiet, wo der eigenen Bockhaltung Grenzen gesetzt werden. Unter dem Strich scheinen die Probleme zu überwiegen, die sich ergeben, wenn man dauerhaft einen Bock halten will.

Beleuchten wir kurz die andere Seite, die Schafhaltung **ohne eigenen Bock.** Im Herbst kommt stets die gleiche Frage auf: Wann ist denn nun der richtige Zeitpunkt, um das Schaf zu einem Bock zu bringen? Die Hitze bei Schafen ist durchaus nicht so eindeutig zu erkennen, wie beispielsweise bei Ziegen. So kann es passieren, dass wir vergeblich zum Decken gefahren sind und drei Wochen später das gleiche Procedere wiederholen dürfen. Das sind keine verlockenden Aussichten. Und wie bereits erwähnt, besteht bei jedem engen Kontakt mit fremden Tieren die ernst zu nehmende Gefahr, dass man sich Parasiten oder Krankheiten einschleppt, von denen wir eigentlich verschont bleiben wollen.

Bei der Haltung von nur wenigen Muttertieren und für alle, die ihre Herde gerne vergrößern wollen, bleibt eigentlich als bequemste Lösung nur übrig, dass sie mit einem vertrauten (Maedi-Visna-freien) Schafhalter geeignete Lämmer tauschen, und zwar ideal zum Zeitpunkt des Absetzens von ihren Müttern. Ein früh geborenes, prächtiges Bocklamm kann durchaus im Herbst die Deckaufgaben einer kleinen Herde übernehmen. Danach wird es verkauft oder geschlachtet. Im folgenden Jahr tauscht man sich wieder ein Bocklamm ein, diesmal möglichst aus einer anderen Zuchtlinie. Aber bitte immer auf gute Merkmale achten, ein großartiges Böckchen fördert einen ebensolchen Bestand! Ein weiterer Vorteil dieser **saisonalen Bockhaltung** besteht darin, dass der Winterstall eine »bockfreie Zone« ist, wir brauchen keine zusätzliche Buchte im Stall und haben einen Fresser weniger zu versorgen.

Die dauerhafte Haltung von einem oder gar mehreren Schafböcken ist eigentlich nur für größere Herden zu empfehlen.

Die Deckzeit

Es ist bei Schafen nicht einfach zu erkennen, wann sie heiß sind. Als Anzeichen können gelten:

❍ unruhiges Verhalten, Hin- und Herwedeln mit dem Schwanz,
❍ häufiges Blöken (»rufen nach dem Bock«),
❍ Rötung der Scheide und ihrer Umgegend,
❍ Rückwärtsschauen (»was ist da hinten los«),
❍ Bewegungsunlust, das Schaf bleibt stehen.

Diese Symptome treten leider nur mehr oder weniger stark ausgeprägt auf und werden meist übersehen. Über den richtigen Zeitpunkt zur Empfängnis herrscht also allgemein Unsicherheit. Das ist das Problem von Schafhaltern, die keinen eigenen Bock haben und mit ihren Muttertieren zu einem fremden Bock fahren müssen. Für sie sind eigentlich nur Mutterschafe geeignet, bei denen die Brunstanzeichen deutlich zu erkennen sind, sonst fahren sie mit ihren Schafen oft und vergeblich durch die Gegend.

Deutlicher wird das Brunstgeschehen sichtbar, wenn ein Bock bei den Schafen ist. Zu Beginn der Hitze wird er sich vorwiegend in der Nähe des betreffenden Schafes aufhalten, er wird es eifrig umwerben, um dann auf dem Höhepunkt der Hitze zum Deckakt aufzuspringen. Den Termin dieser Beobachtung schreibt man sich in einen Kalender, denn so kann man genau vormerken, wann mit der Ablammung zu rechnen ist.

Wer zur Brunstsaison wenig Zeit hat, seine Tiere eingehend zu beobachten oder so viele Tiere hat, dass es schwierig wird, einen Überblick über das Deckgeschehen zu erlangen, dem kann die Anschaffung eines Bockgeschirrs mit Farbkissen eine Hilfe sein. Dieses Farbkissen wird dem Bock auf die Brust geschnallt und auf dem Rücken der weiblichen Schafe lässt sich zuverlässig ablesen, welche Tiere wann besprungen wurden. Mit dieser Methode lässt sich auch herausfinden, welche Tiere möglicherweise nicht heiß geworden sind und demnach keine Lämmer erwarten lassen.

Wünscht man die Geburten zu einem bestimmten Termin, so kann das Einsetzen der Brunst zu einem gewissen Grad beeinflusst werden:

- Brunstauslösend wirkt es, wenn der Bock vor dem gedachten Termin für einige Wochen nicht bei den Muttertieren ist. Seine plötzliche Anwesenheit animiert alle Muttertiere heiß zu werden, meist ist das Deckgeschehen dann innerhalb einer Woche erledigt. Entsprechend gedrängt folgen die Geburten aufeinander.
- Brunstauslösend wirkt ferner das Verfüttern von Sellerie oder besser noch eines speziellen Brunstpulvers auf Kräuterbasis (siehe Bezugsquellen im Anhang, Seite 176).
- Bei Schafen mit saisonalem Brunstverhalten (im Herbst) kann die Deckbereitschaft mit einem Trick um einige Wochen vorverlegt werden. Die Schafe werden abends frühzeitig vor Einbruch der Dunkelheit in einen dunklen Stall gebracht. Das künstliche Verlängern der Nacht täuscht ihnen eine spätere Jahreszeit vor und regt sie zum Brünstigwerden an. Interessant ist diese Möglichkeit für Schafrassen, die besonders spät heiß werden und entsprechend spät lammen (wie die Heidschnucke).

Ein günstiger Termin für das Decken liegt so, dass die Lämmer alle kurz vor dem Beginn der Weidesaison geboren werden können. Frühe Geburten bedeuten ein paar Fresser mehr im Stall und damit höhere Futterkosten, dafür werden es aber meist auch schöne, kräftige Tiere, die im Herbst vielleicht schon groß genug sind, um bereits zum ersten Mal gedeckt zu werden.

Um äußerst frühe Geburten wird man beim Milchschaf bemüht sein, denn man will möglichst lange etwas von der Milch haben. Ausgesprochen späte Geburten sind für alle Rassen ungünstig, weil die Lämmer unter Umständen die volle Weidesaison nicht ausnutzen können, besonders die erste Wiese im Jahr ist am nahrhaftesten.

Die Brunst dauert zwei bis drei Tage. Der Eisprung erfolgt in der letzten Phase der Brunst, wenn das Schaf das Aufspringen des Bockes erlaubt und dabei stehen bleibt.

Sollte die Befruchtung aus irgendwelchen Gründen während der ersten Brunstdauer nicht geklappt haben, so wiederholt sich das ganze Brunstgeschehen fast regelmäßig im Drei-Wochen-Rhythmus (bei manchen Rassen sind es nur 16 bis 18 Tage). Hiermit lässt sich der Erfolg des Deckgeschehens kontrollieren und es ist auch eine weitere Möglichkeit gegeben, den Ablammtermin zu verschieben.

Die Tragzeit

Die Trächtigkeit dauert bei Schafen durchschnittlich 150 Tage, das sind etwa fünf Monate (Extreme 146 bis 158 Tage). Eine Ausnahme bildet das frühreife Milchschaf, hier können die Geburten schon ab dem 140. Tag einsetzen.

Allgemein ist die Dauer der Trächtigkeit abhängig von der Rasse, vom Ernährungszustand der Mutter sowie von der Anzahl der Lämmer. Mehrlinge werden etwas kürzer ausgetragen als einzelne Lämmer.

In der ersten Hälfte der Trächtigkeit entwickelt sich der Embryo sehr langsam. In dieser Zeit ist der zusätzliche Nährstoffbedarf noch so gering, dass nicht näher auf ihn eingegangen werden muss.

Zum Ende des zweiten Trächtigkeitsmonats sollten Pflegearbeiten wie Klauenschnitt oder Wurmkur abgeschlossen sein. Es beginnt die Schonzeit, in der die Schafe bis zur Geburt keinen außergewöhnlichen Belastungen mehr ausgesetzt werden sollen.

Im letzten Drittel der Trächtigkeit legt das Wachstum der Lämmer enorm zu. Jetzt setzt ein erhöhter Nährstoffbedarf ein. Gleichzeitig werden aber auch die Verdauungsorgane eingeengt. Aus diesem Grund ist eine gehaltvolle Kost (energie- und eiweißreich) anzubieten, die trotzdem leicht verdaulich sein muss. Beste Voraussetzung für eine ausreichende Fütterung ist erstklassiges Heu. Mit Kraftfutter wird sehr sparsam umgegangen, damit die Lämmer nicht zu groß geraten (Schwergeburten); das ist besonders für Erstgebärende zu beachten. Zum Ende der Trächtigkeit vermeidet man blähendes Futter und nach Möglichkeit eiskaltes Wasser.

Günstig für den Trächtigkeitsverlauf wirkt sich aus: viel Bewegung (nach Möglichkeit im Freien) bei gleichzeitigen Ruhemöglichkeiten, bestes und vielseitiges Futter; wenig Kraftfutter; ein Minerallleckstein (kupferfrei) sollte angeboten sein.

Gute Erfahrungen haben wir mit dem Verfüttern von Leinsaat gemacht. Drei Wochen vor der Geburt beginnend, gibt man pro Schaf eine Hand voll am Tag. Leinsaat wirkt schleimbildend und schafft dadurch gute Voraussetzungen für eine leichte Geburt. Dieser Tipp lässt sich nicht nur Kräuterbüchern entnehmen, sondern ist auch in angesehenen Fachbüchern zur Schafhaltung zu finden.

Selbstverständlich ist vor den Geburten auf frische Einstreu und allgemeine Sauberkeit im Stall zu achten. Sollte die Luft in Erdbodennähe zu penetrant sein (bücken), so streut man rechtzeitig noch einmal Algenkalk über die Einstreu, um die Gase und den Geruch zu neutralisieren.

Für das Milchschaf ist es wichtig, dass es sechs bis acht Wochen vor der Geburt trocken steht, damit es nicht zu sehr entkräftet wird. Falls die Milchmenge nicht von selbst zurückgeht, erreicht man dies durch eine zeitweilige Herabsetzung der Futterqualität (kein Kraftfutter, nicht das beste Heu). Nun wird jede zweite Melkzeit ausgelassen und nach ein paar Tagen wird das Melken völlig eingestellt. Die letzte Milchmenge im Euter wird vom Körper resorbiert. Trotzdem kontrolliert man das Euter weiterhin.

Geburt, Geburtslagen und -hilfen

Der voraussichtliche Geburtstermin war hoffentlich im Kalender vermerkt, sodass man um diesen Zeitraum besonders aufmerksam sein kann und häufiger als sonst nach den Tieren schaut, ohne sie zu beunruhigen.

Sichere Anzeichen für den genauen Geburtszeitpunkt gibt es nicht, obwohl sich feststellen lässt, dass das Euter bereits gewachsen und angeschwollen ist, die Schamgegend weicher, weiter und durchbluteter erscheint und die Lämmer sich gesenkt haben, soweit sich dies bei der Wolle ausmachen lässt. Viele Geburten finden in den frühen Morgenstunden statt. Zu diesem Zeitpunkt herrscht die größte Ruhe und die Lämmer können ihre ersten Lebensstunden in den tagsüber wärmeren Temperaturen erleben.

Die sichtbare Vorbereitung und Geburtseröffnung dauert selten drei oder vier Stunden, erfahrene Schafe brauchen dafür oft weniger als eine Stunde. Das Schaf hört auf zu fressen, es sondert sich ab, legt sich oft und kurz nieder, entleert Blase und Darm. Aus der angeschwollenen Scheide tritt zähflüssiger Schleim hervor. Das Schaf wendet sich seinem Hinterteil zu und blökt mit einem untersetzten Meckern, so, wie es später seine Lämmer rufen wird.

Wer das Glück hat, die sichtbaren Geburtsvorbereitungen mitzuerleben, verhält sich ruhig und stört das Schaf auf gar keinen Fall. Es darf durch die Anwesenheit eines Menschen nicht beunruhigt werden. Auch laute Geräusche oder andere Störfaktoren sind zu vermeiden. Am besten überwacht man die Geburt aus einer entfernten Ecke, wo einen das Tier vielleicht gar nicht wahrnimmt. Nervosität und Aufregung sind jetzt fehl am Platze: Die meisten Lämmer werden ohne jegliche Hilfe geboren und Mutter und Lamm sind hinterher wohlauf!

Es folgt die eigentliche Geburt. Die Wehen beginnen, die Fruchthüllen treten aus und die äußere platzt, die ersten Körperteile des Lammes werden sichtbar. Zum Verständnis: Das Lamm wächst in einer mit gelblich braunem Fruchtwasser gefüllten Fruchthülle heran (Fruchtblase), die sich in einer weiteren, äußeren Fruchthülle befindet. Zwischen beiden Fruchthüllen befindet sich Schleim. Es ist weit verbreitet, aber völlig falsch, diese Fruchthüllen absichtlich zu sprengen. Sie helfen ausgezeichnet bei der Öffnung des Geburtsweges. Auch die etwas zähere, innere Fruchthülle sollte möglichst unversehrt bleiben, denn nur dann hilft sie, die Unebenheiten des Lammes auszugleichen und den Druck auf den Geburtsweg gleichmäßig zu verteilen. Für das Lamm besteht keine Gefahr, Fruchtwasser einzuatmen oder in der Fruchthülle zu ersticken. Allerdings ist es durch die innere Fruchthülle hindurch schwierig, die herausragenden Körperteile und ihre Lage zu identifizieren. Trotzdem – zunächst Finger weg!

Die innere Fruchthülle platzt mit dem zunehmenden Druck der Wehen, der das Lamm umgebende Schleim ist ein hervorragendes Gleitmittel. Im Normalfall (siehe Seite 105, Abb. A) sieht man die beiden Vorderklauen (Sohlen nach unten) und einen Teil der Vorderbeine mit darauf liegendem Kopf, der noch nicht ganz frei sein muss. Die Wehen sind jetzt sehr kräftig und folgen schnell aufeinander. Kein Grund zur Beunruhigung, wenn das Schaf nun stöhnt und laut aufblökt, die Presswehen sind schmerzhaft.

Mitunter entsteht bei Erstlingsgeburten der Eindruck, dass der Kopf des Lammes in der Scheide stecken bleibt. Es ist aber normal, dass solch eine Geburt etwas länger dauert, denn es ist ein schweres Stück Arbeit, bis die Geburtswege zum ersten Mal richtig geweitet sind. Solange die Wehen regelmäßig folgen und auch nur kleinste Fortschritte in der Austreibung zu erkennen sind, wäre eine Geburtshilfe fehl am Platz, denn sie würde eher dem Gewebe von Gebärmutterhals und Scheide schaden. Also die Nerven bewahren! Das Schwierigste ist der Austritt des Kopfes an seinem weitesten Umfang, über den Augen. Ist dies geschafft, tritt meist eine kleine Pause ein. Mit einigen weiteren Wehen ist das Lamm geboren. Hat das Schaf gelegen, so reißt die Nabelschnur mitunter erst, wenn es aufsteht, um sein Lamm zu begrüßen und trockenzulecken.

Bei einer Mehrlingsgeburt entsteht häufig eine Pause, in der das zweite Lamm in den Geburtskanal eintritt. Es kann sich in derselben inneren Fruchthülle befinden wie das erste Lamm oder sich in einer eigenen entwickelt haben. Die Geburt der weiteren Lämmer erfolgt normalerweise zügig.

Auch beim Folgenden braucht man nicht einzugreifen: Die Mutter leckt die Lämmer trocken, kürzt dabei den Nabel ein, nimmt auch Schleim vom Boden auf. Die Lämmer schütteln den Kopf, niesen Geburtsschleim aus, machen erste Aufstehversuche. Sie rufen, taumeln noch benommen zum Euter, die Mutter dirigiert sie in die richtige Richtung. Das Lecken regt Kreislauf und Verdauung der Lämmer an, der aufgenommene Schleim wirkt für das Mutterschaf gebärmutterzusammenziehend und nachgeburtlösend.

Die erste Milch nennt man Biestmilch oder Kolostralmilch. Für die Lämmer ist es lebenswichtig, dass sie davon möglichst bald und ausreichend trinken. Der Gehalt der wertvollen Abwehrstoffe (Antikörper) geht schon einige Stunden nach der Geburt zurück und die Lämmer können diese Stoffe nur in den ersten Stunden aufnehmen und verwerten. Die Neugeborenen brauchen eine Weile, bis sie die Zitze richtig im Maul haben und trinken. Aber wenn sie das Euter gefunden haben, kann man davon ausgehen, dass sie genug Biestmilch aufnehmen. Nach dem Trinken werden die Lämmer benommen dastehen oder vor Erschöpfung in einen wohlverdienten Schlaf fallen.

Die Bindung von Mutter und Lämmern erfolgt in den ersten Stunden nach der Geburt. Vor allem bei Erstablammungen mit Mehrlingen ist es wichtig, dass sich diese Beziehung ungestört aufbauen kann.

Wer nach solch einer Idealgeburt unbedingt in den Stall will, der tut es am besten, bevor sich die Lämmer zur Ruhe legen. Bei dieser Gelegenheit kann man den Nabel desinfizieren, vorsichtig frisch einstreuen und das Euter der Mutter kontrollieren, eventuell auch säubern.

Hängen noch Häute aus der Scheide, so hat sich die Nachgeburt noch nicht gelöst. Das ist nicht weiter schlimm, denn es geschieht manchmal erst nach einigen Stunden. Viele Schafe fressen die Nachgeburt auf. Man sollte sie daran nicht hindern. Bei vielen Tieren ist dieser Instinkt vorhanden, denn so werden keine Raubtiere angelockt und die Mutter nimmt eine Ladung geballter Mineralien auf, die ihr Körper dringend braucht. Häufig wird befürchtet, dass durch die Aufnahme der Nachgeburt Verdauungsbeschwerden entstehen können (Pansenstörungen), solange jedoch Heu angeboten wird, habe ich solche Fälle weder erlebt noch konkret davon gehört. Liegt die Nachgeburt allerdings länger im Stall, wird sie entfernt.

Komplikationen

Die große Mehrzahl aller Schafe lammt ohne Schwierigkeiten und ganz von alleine. Es gehört also zu der Ausnahme, dass man wirklich eingreifen muss. Wichtig für den Schafhalter ist, dass er die Nerven behält und erst einmal geduldig abwartet, wie sich die Geburt entwickelt. Im Allgemeinen wird nämlich eher zu früh als zu spät Hilfe geleistet. Am Anfang der Geburt gibt es keinen Grund für überstürzte Eile.

Noch bevor die eigentlichen Geburtstermine anstehen, trifft man die Vorbereitungen für eventuelle Notfälle. Dazu gehört es, einen Tierarzt zu finden, der sich mit den kleinen Wiederkäuern auskennt. Das ist nicht immer einfach, denn die meisten befassen sich heute nur noch mit Schweinen und Rindern. Doch vereinzelt gibt es noch Tierärzte, die sogar bereit sind, im Notfall bei einem Schaf einen Kaiserschnitt zu machen, was übrigens nicht teurer ist als der Preis eines Lammes, ganz zu schweigen vom Wert des Muttertieres. Zu den weiteren Vorbereitungen gehört es, zwei Lämmersauger vorrätig zu haben und nach Möglichkeit etwas eingefrorene Biestmilch. Vom Tierarzt besorgt man sich ein Desinfektionsmittel und eventuell ein geeignetes Gleitmittel, falls man selber Lagekorrekturen im Mutterleib vornehmen will.

Grundsätzliches

- Der Austritt eines Lammes kann durchaus bis zu zwei, in manchen Fällen sogar bis zu drei Stunden dauern. Solange die innere Fruchthülle unversehrt ist, bestehen keine Bedenken. Keine Unruhe verbreiten! Fruchthüllen nicht sprengen! In der Normallage (Abb. A) wird das Lamm durch die Nabelschnur noch versorgt, wenn bereits Teile heraushängen. Solange die Wehen kräftig und nur kleinste Fortschritte zu sehen sind, ist eine Hilfe nicht nötig.
- Bei länger dauernder Geburt ist der Schleim herausgepresst, der Geburtsvorgang wird dadurch erschwert. Man muss ein Gefühl dafür entwickeln, wann man helfend eingreift. Wenn das Fruchtwasser abgegangen ist, sollte das Lamm in der folgenden Stunde geboren werden.

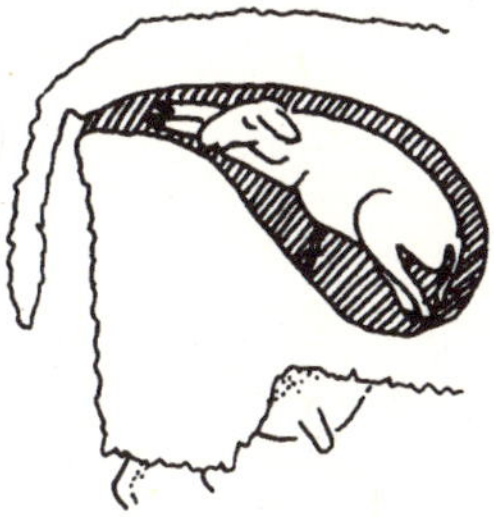

A) Normallage ein Lamm

B) Normallage Zwillinge

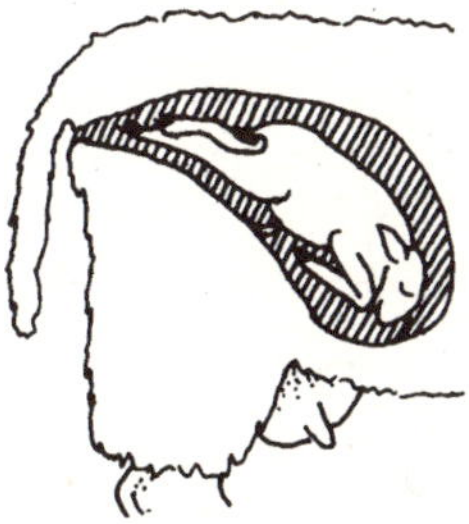

C) Hinterendlage

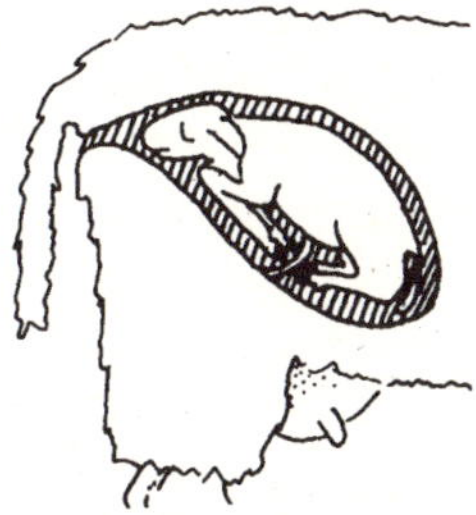

D) Kopf vorn, Vorderbeine zurückgewinkelt

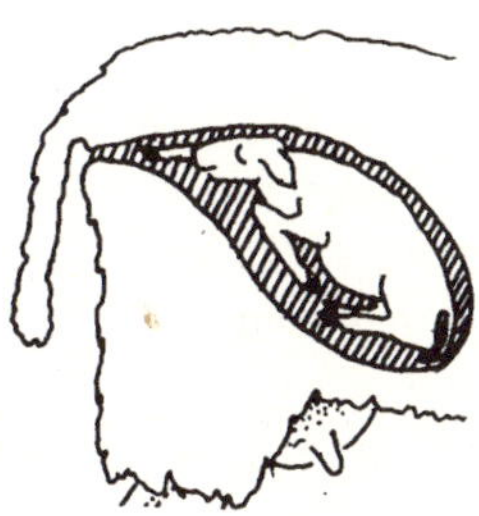

E) Kopf vorn, ein Vorderbein zurückgewinkelt

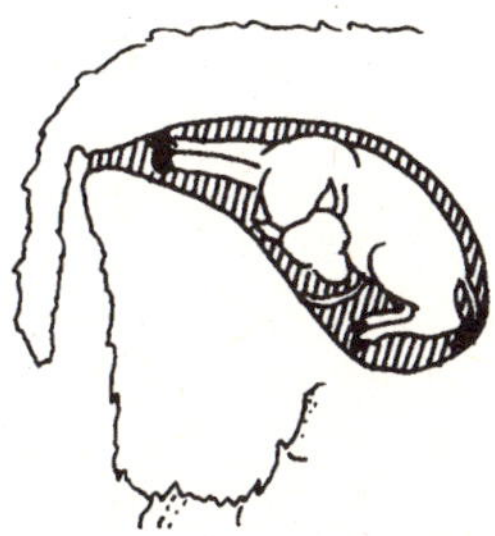

F) Vorderbeine vor, Kopf zurück

- Bei jeder Hilfe ist auf peinliche Sauberkeit (auch der Hände) zu achten. Es dürfen keine Keime in die Gebärmutter oder in Nase und Maul des Lammes eindringen. Bestehen Zweifel, ob das Lamm am Leben ist, kann man mit dem Finger leicht zwischen die Klaue drücken, das löst einen Bewegungsreflex aus. Totgeburten sind sehr selten.

Hilfe Normallage

Wenn kleine Schafe große Lämmer kriegen, kann der Austritt des Kopfes Schwierigkeiten bereiten. Gibt es über einen Zeitraum von einer halben Stunde überhaupt keinen Fortschritt, versucht man die straffe, dünne Haut der Schamlippen (kann mit Speiseöl eingerieben werden) mit beiden Händen gegen den Kopf des Lammes zu drücken. Das Lamm herausziehen darf man nur, wenn man sicher ist, dass es mit Kopf und Vorderbeinen richtig liegt, wenn genug Zeit zur Weitung der Geburtswege vergangen ist und wenn die Wehenkraft nicht stark genug erscheint. Gezogen wird nur mit der Wehe, niemals in der Wehenpause! Man drückt mit einer Hand von oben gegen Schamlippen und Damm (verhindert Einreißen sowie Scheiden- oder Gebärmuttervorfall), mit der anderen zieht man mit mäßiger Kraft abwechselnd an den Beinen in leichter Abwärtsbewegung. Nie am Kopf ziehen. Mitunter waren die Beine nicht vollständig gestreckt. Auf alle Fälle wird es jetzt vorangehen.

Ist durch das Ziehen ein deutliches Hindernis überwunden worden, so wartet man besonders bei Erstlingsgeburten ab, wie es sich weiterentwickelt, bevor weitergeholfen wird. Hilfsmittel werden beim Ziehen nicht verwendet. Mit der eigenen Kraft wird sehr gefühlvoll umgegangen. Das Gewebe der Geburtswege ist äußerst empfindlich, Risse und Quetschungen sind schmerzhaft und können bleibende Schäden hervorrufen.

Wer sich zu unsicher fühlt und keinen Erfolg herbeiführen kann, ruft den Tierarzt. Er wird kommen, auch wenn es späte Nacht ist, das ist sein Beruf.

Hilfe Hinterendlage (Abb. C)

Sichtbar nur zwei Beine, Sohle nach oben, Klauenspitze nach unten. In der Regel ist keine Hilfe nötig, man muss nur darauf achten, dass die Geburt zügig verläuft, weil in dieser Lage der Nabel schnell reißt oder eingeklemmt wird. Das löst die Atmung aus und das Lamm atmet Fruchtwasser ein.

Korrekturbedürftige Lagen

Laien rate ich davon ab, ein Lamm im Mutterleib korrigieren zu wollen. Man kann die Körperteile nur ertasten, die Gliedmaßen sind rutschig und schwer zu fassen. Es muss steril und mit Gleitmittel gearbeitet werden.

Bei folgenden Lagen holt man den Tierarzt: Nur der Kopf erscheint, beide Vorderbeine sind nach hinten gerichtet (Abb. D). Der Tierarzt wird den Kopf in der Wehenpause zurück in die Gebärmutter drücken und die Lage des Lammes dort berichtigen. (Man sollte nie versuchen, eine Lagekorrektur in der Scheide durchzuführen.) Ähnlich wird bei den Lagen E und F verfahren. Ziehen führt hier nicht zum Erfolg.

Auch bei anderen Lagen oder wenn man den Eindruck hat, etwas stimmt nicht, holt man sofort den Tierarzt. Nach Einsetzen der starken Wehen müssten die ersten Körperteile bald sichtbar werden.

Die Nachgeburt

Eine schwere Geburt kann dazu führen, dass die Nachgeburt nicht abgeht. In diesem Falle werden die heraushängenden Fruchthüllen auf ein handbreites Stück eingekürzt. Beim Hinlegen gleiten die Eihäute nämlich in die Scheide zurück und nehmen sonst unnötig viel Schmutz mit. Ist die Nachgeburt nach zwölf Stunden noch nicht abgegangen, wird der Tierarzt gerufen.

Versorgung nach der Geburt

Bei erstgebärenden Schafen kommt es mitunter vor, dass sie sich zu wenig um ihr Lamm kümmern und es nicht gründlich trockenlecken. Wird solch ein Fall beobachtet, so kann man das Lamm mit etwas Hafer bestreuen (kein Salz) und der Mutter vorlegen.

Das Mutterschaf erhält am Tage nach der Geburt nach Möglichkeit nur leicht verdauliche Kost und frisches, nicht zu kaltes Wasser. In den folgenden Tagen wird die Futterration allmählich gesteigert.

Für etwa zehn Tage kann man noch weiterhin eine Hand voll Leinsaat täglich verfüttern, dann geht der Putz besser ab – so nennt man die dem Wochenfluss entsprechenden Nachblutungen.

In den folgenden Wochen kontrolliert man regelmäßig die Euter der Muttertiere. Es dürfen sich keine Verhärtungen im Eutergewebe zeigen (Euterentzündung) und die Zähne der Lämmer sollen keine Biss- oder Kratzwunden hinterlassen. Wird von einem einzelnen Lamm nur auf einer Euterseite getrunken, so muss die andere gemolken werden, um eine Entzündung und anschließende Verkümmerung zu vermeiden.

Die Lämmerpflege

In dem ersten Lebensabschnitt ist die Muttermilch die wichtigste Nahrungsquelle. Sollte die Mutter zu wenig Milch haben, um beispielsweise nach einer Mehrlingsgeburt alle Lämmer damit versorgen zu können, so muss mit der Flasche zugefüttert werden. Es gibt dafür spezielle Milchaustauscher, die für Schafe geeignet sind. Diese Milch muss immer frisch zubereitet werden, Reste werden nicht wieder verwandt. Sie wird so erwärmt, dass das Lamm sie körperwarm trinken kann (etwa 35 °C). Das ist unbedingt zu beachten, denn zu kalte Milch gerinnt nicht rechtzeitig im Labmagen, wird unverdaut wieder ausgeschieden und kann einen Durchfall verursachen, der für Lämmer gefährlich ist. Der Lämmersauger wird mit einem kleinen Schnitt versehen (kein Loch!). Das Saugen soll etwas Mühe bereiten, denn dadurch wird ein Reflex ausgelöst, der die Milch durch den Pansen direkt in den Labmagen leitet. Sauger und Flasche müssen stets ausgekocht sein.

Tränkplan für ein verwaistes Lamm

Unmittelbar nach der Geburt muss in jedem Fall Biestmilch aufgenommen werden. Steht tiefgekühlte zur Verfügung, wird sie aufgetaut, im Wasserbad erwärmt und vor dem Verfüttern mit dem Mixer kurz durchgeschlagen. Dann gibt man in den ersten drei Tagen fünfmal täglich normale Schafmilch (zur Not auch Kuhmilch), in den nächsten vier Tagen viermal täglich, danach nur noch dreimal am Tag. Die angebotene Milchmenge steigt nach Bedarf. Ab der zweiten Woche kann man vom besten Heu, bald danach feine Rübenschnitzel, Mineralsalz und Wasser anbieten, ab der dritten Woche etwas Kraftfutter. Die Milchmenge beträgt nun über zwei Liter am Tag und kann allmählich durch Magermilch ersetzt werden. Je nach Entwicklungsstand werden die Lämmer langsam von der Flasche abgesetzt.

Alle Lämmer beginnen ungefähr eine Woche nach der Geburt kleine Mengen fester Futterstoffe aufzunehmen. Zunächst knabbern sie spielerisch am Heu, und diese Möglichkeit sollen sie auch haben, denn nur so kann der Pansen frühzeitig ausgebildet werden und seine Funktion aufnehmen. Ab der zweiten oder dritten Woche kann man den Lämmern gezielt gutes Heu und etwas Kraftfutter anbieten. Damit die erwachsenen Tiere es ihnen nicht wegfressen, errichtet man einen Lämmerschlupf und füttert den Nachwuchs in einer separaten Abteilung (siehe Abbildung und Text Seite 82f.).

Solange sich Lämmer im Stall befinden, ist ganz besonders auf eine geruchsfreie Luft in Stallbodennähe zu achten. Um das zu überprüfen, bückt man sich mit der Nase wirklich tief hinunter. Ein starker Ammoniakgeruch kann für die Lämmer gefährlich werden (Lämmerrotz), im Bedarfsfall streut man zur Geruchsbindung etwas Algenkalk über die Einstreu.

Das Kupieren der Schwänze

Bei den meisten Schafrassen ist es in vielen Ländern leider immer noch üblich, den Tieren im jungen Alter die Schwänze zu kupieren. Eine echte Ausnahme bildet hier nur das Milchschaf mit seinem unbewollten Schwanz.

Das Kupieren der Schwänze ist eine alte Tradition mit der Begründung, dass ein nasser, schmutziger Schwanz einen idealen Brutplatz für Fliegenmaden darstellt. In vielen Kreisen, so auch unter Wissenschaftlern und Ärzten, gilt diese Ansicht heute allerdings als überholt. Das Kupieren ist vielmehr ein schwerwiegender, schmerzhafter Eingriff, der als Amputation gesehen werden muss und als solcher nach dem Tierschutzgesetz verboten ist, sofern keine medizinische Notwendigkeit oder Ausnahmeregel besteht. Ein kupierter Schwanz ist verstümmelt und kann nur noch bedingt seine Aufgabe wahrnehmen, nämlich Scheide und After vor Insekten zu schützen.

Eigentlich besteht gar kein Grund den Schwanz von Schafen zu kupieren. Bei artgerechter Haltung und richtigem Futter gibt es selten Durchfall und daher auch kaum eine Verschmutzung. Und wem das Wollpaket am Schwanz zu kräftig wird, der schneidet Schwanz und After frei, so, wie das Schaf sonst auch geschoren wird.

Viele Bio-Anbauverbände haben das Verbot des Kupierens der Schwänze von Schafen bereits in ihre Richtlinien aufgenommen, was sehr zu begrüßen ist. Sehr fortschrittlich ist auch die Handhabung in der Schweiz und besonders in Holland, wo ab Januar 2008 für die meisten Schafrassen das Kupieren der Schwänze per Gesetz verboten ist. Für Schafhalter, die immer noch die Schwänze ihrer Tiere verstümmeln, wird es Zeit, umzudenken.

Das Kastrieren

Ziemlich bald nach der Geburt wird man sich darüber Gedanken machen, ob und welche Bocklämmer kastriert werden sollen, und welche nicht. Auch das Kastrieren ist ein schwerwiegender Eingriff, der nach neuesten Erkenntnissen schon im jüngsten Alter als ebenso schmerzhafter Eingriff wahrgenommen wird wie bei einem älteren Tier. Deshalb sollten auch Jungtiere nur unter Betäubung kastriert werden, und zwar von einem Fachmann, wie dem Tierarzt. Eine operative Entfernung der Hoden unter Betäubung ist allen anderen Methoden vorzuziehen. Die immer noch praktizierte Abquetschung der Samenstränge mit einer speziellen Zange oder das Anlegen eines Gummiringes, der zum langsamen Absterben des Hodens führt, sollten nicht mehr angewendet werden, da sie dem Tier unnötige Qualen bereiten.

Bleibt die Frage, ob man den männlichen Nachwuchs überhaupt kastrieren soll? Wir wollen weder Qualen für das Tier, noch hohe Tierarztrechnungen. Immer mehr Schafhalter gehen deshalb dazu über, ihre Bocklämmer gar nicht zu kastrieren. Vor der Decksaison werden die männlichen Jungtiere auf eine eigene Koppel gestellt, die einen Zugang zu den weiblichen Tieren unterbindet, günstig ist auch eine räumliche Distanz. Und nun können sie dort gedeihen, bis sie verkauft oder geschlachtet werden. Es gibt neuere Untersuchungen, die belegen, dass unkastrierte Böckchen schneller zunehmen als kastrierte. Und ich kann versichern: Im ersten Jahr merkt man es dem Bockfleisch nicht wirklich an, ob das Tier bereits geschlechtsreif war oder nicht. Bei unserer vorgestellten Haltungsform ist eine Kastration also völlig überflüssig.

Früchte der Schafhaltung

Wolle

Wolle ist das Produkt des Schafes, dem oft am wenigsten Bedeutung beigemessen wird. Viele Schafhalter handeln nach dem Motto: viel Arbeit und Aufwand, wenig Gewinn. Zugegeben, der Erlös aus dem Wollverkauf ist nur ein kleines Taschengeld pro Tier, aber zusammengenommen ergibt sich meist doch ein willkommener Zuschuss. Zum anderen darf man nicht vergessen, dass die Wolle uns keinen Cent kostet. Sie ist ein natürlicher und zugleich wertvoller Rohstoff, der sich immer wieder von selbst erneuert, ein Geschenk der Natur, das mit der ihm gebührenden Achtung behandelt werden sollte. Ein klein wenig mehr Aufmerksamkeit beim Umgang mit den Schafen und der geschorenen Wolle, und schon erhält man ohne viel Mehraufwand eine qualitativ bessere Wolle, die selbstverständlich auch höhere Preise erzielt.

Aufbau und Eigenschaften

Der wirkliche Wert von naturbelassener Wolle wird vielfach auch von Schafhaltern aus Unwissenheit falsch eingeschätzt, deshalb wollen wir uns den Aufbau des Wollhaares sowie die außergewöhnlichen Eigenschaften dieser Naturfaser näher anschauen.

Wolle ist eine Proteinfaser. Sie besteht aus einem Innenmarkkanal, der von einer eiweißhaltigen Rindenschicht umgeben ist, die wiederum nach außen hin von einer Schuppenschicht aus Abertausenden winzig kleinen

Schuppen geschützt wird. Struktur und Durchmesser des Markkanals bestimmen Kräuselung und Feinheit der Wolle. Je kräftiger das Mark, desto gröber die Wolle. Bei den echten Merinos ist es gelungen, den Innenmarkkanal wegzuzüchten, deshalb ist diese Wolle so besonders fein und stark gekräuselt. In der Rindenschicht werden die Farbpigmente eingelagert. Die Schuppenschicht ist für den Glanz der Wolle verantwortlich. Je feiner das Wollhaar, desto enger und überlappender sind die Schuppen angeordnet, d. h., die Oberfläche ist »rauer«, sie strahlt einen matten, silbrigen Glanz aus. Bei stark glänzendem, »blankem« Haar überlappen die Schuppen kaum. Dieses harte, grobe Haar nennt man Grannenhaar, es ist in misch- und teppichwolligen Vliesen zu finden. Die Wollschuppen spreizen sich bei Wärme ab und können sich bei gleichzeitiger Reibung unlösbar ineinander verzahnen (verfilzen). Das kurze Haar auf Kopf und Beinen heißt Stichelhaar. Die jeweilige Struktur des Wollhaares ist grundsätzlich rassebedingt, wobei jedoch gewisse Variationen innerhalb einer Rasse möglich sind. Geringe Unterschiede treten auch bei den verschieden beanspruchten Körperpartien der einzelnen Tiere auf.

Während das Haar aus der oberen Hautschicht wächst, passiert es die Fettdrüse und wird mit einer feinen Schicht **Wollfett** überzogen. Das Wollfett (chemisch gesehen ein Wachs) übt eine sehr wichtige Funktion aus: Es schützt das Haar vor Beschädigung, Verfilzen, Verschmutzen, Abstumpfen und Verfärbung durch Wollschweiß. Bei kranken oder fehlernährten Tieren wird die Arbeit der Fettdrüse gestört – die Wolle leidet bei längerer Störung sichtbar. Wollfett (Lanolin) wird von der menschlichen Haut sehr gut vertragen und dient seit alters her als Salbengrundlage. Es lagert jedoch auch fettlösliche Gifte wie z. B. das Pestizid Lindan ein; ein Grund mehr, bei den Schafbademitteln unbedingt ein lindanfreies Präparat zu wählen.

Aus Platzgründen ist es leider nicht möglich, die Vielzahl der gesundheitlichen Vorteile besonders von naturbelassener, noch fetthaltiger Schafwolle gegenüber synthetischen Textilfasern sowie ihre anderen Vorzüge, Eigenschaften und Merkmale aufzuführen, deshalb werden wir uns auf das Wichtigste beschränken.

Wolle besitzt einen **eigenen Wasserhaushalt,** der es ermöglicht, Feuchtigkeit in Dampfform (z. B. Schweiß) in einer Menge bis zu einem Drittel ihres Eigengewichts aufzunehmen und festzuhalten, ohne sich feucht anzufühlen. Regentropfen dagegen perlen eher ab. Die aufgenommene Feuchtigkeit wird also nach außen abgegeben.

Die **Wärmewirkung** von Wolle beruht einmal auf ihrer Eigenschaft, Abstand zu halten sowohl zwischen den einzelnen Wollhaaren als auch zur Haut. Wollschuppen und Kräuselung sorgen für eine Vielzahl an Lufträumchen, und Luft ist bekanntlich ein schlechter Wärmeleiter. Hohe Luftfeuchte verstärkt das Spreizvermögen der Wolle. Der zweite Wärmeeffekt wird durch die leichte, permanente, durchblutungsfördernde Massage der Hautoberfläche hervorgerufen. Diese Reibung erzeugt, anders als bei synthetischen Fasern, nur geringe elektrische Spannungen, die sich nicht aufbauen, sondern sofort an die Haut abgegeben werden und dadurch die massierende Wirkung unterstützen.

Eine weitere erstaunliche Eigenschaft von Schafwolle ist ihre **Fähigkeit, Giftstoffe und Gerüche zu binden** und zu neutralisieren. Als Proteinfaser ist sie chemisch ausbalanciert und kann deshalb mit anderen Stoffen dauerhafte Verbindungen eingehen. Vom Körper über den Schweiß ausgeschiedene Giftstoffe werden somit festgehalten und eine Rückvergiftung verhindert. An frischer Luft und in nicht zu praller Sonne kann sich das Wollhaar wieder regenerieren. (Kneipengerüche werden ausgelüftet, ebenso Uringeruch von wollenen Windelhöschen.) Auf dieser Eigenschaft beruht die Heilkraft der **Wollauflage.** Diese altbewährte Methode wird bei Hexenschuss, Zerrungen, Verstauchungen, Ohren- und Halsschmerzen, Entzündungen, Blähungen sowie Nieren- und Blasenbeschwerden angewandt. Am besten eignet sich noch völlig unbehandelte, saubere Wolle, die gefühlvoll etwas auseinander gezogen (gezupft) wird. Eine dicke Schicht wird auf die betreffende Stelle gelegt und durch eine Binde oder ein engeres Kleidungsstück dort festgehalten. Nach spätestens zwei Tagen wird die Auflage erneuert. Die Stärke der Verfilzung zeigt an, wie viele Giftstoffe aufgenommen wurden. Ist ein Lockern der Fasern durch Zupfen möglich, kann sich die Wolle an frischer Luft regenerieren und ihre Heilkraft erneut spenden.

Betrachtet man ein Vlies, bemerkt man sofort, dass die Haare nicht einzeln, sondern in Strähnen, auch Locken oder Stapel genannt, zusammengefasst sind. Je nach Rasse variiert die **Stapellänge,** geringe Unterschiede weisen auch die verschiedenen Körperpartien auf. Bei eher kurzwolligen Schafen sollte das Vlies einen geschlossenen Eindruck machen, d. h., die Stapel sollten so eng beieinander liegen, dass eine einheitliche Oberfläche entsteht. Je länger die Wolle, desto mehr werden die einzelnen Locken sichtbar, das Vlies »fällt« auseinander. Bei langwolligen Rassen (z. B. Bergschafe, Milchschafe, Heidschnucken) scheitelt sich die Wolle sogar auf dem Rückrat. Die spitz zulaufenden Strähnen leiten das Regenwasser optimal ab. Glasige, brüchige oder stumpfe Lockenspitzen weisen auf Fütterungs- oder Haltungsfehler hin und beeinträchtigen die Wollqualität.

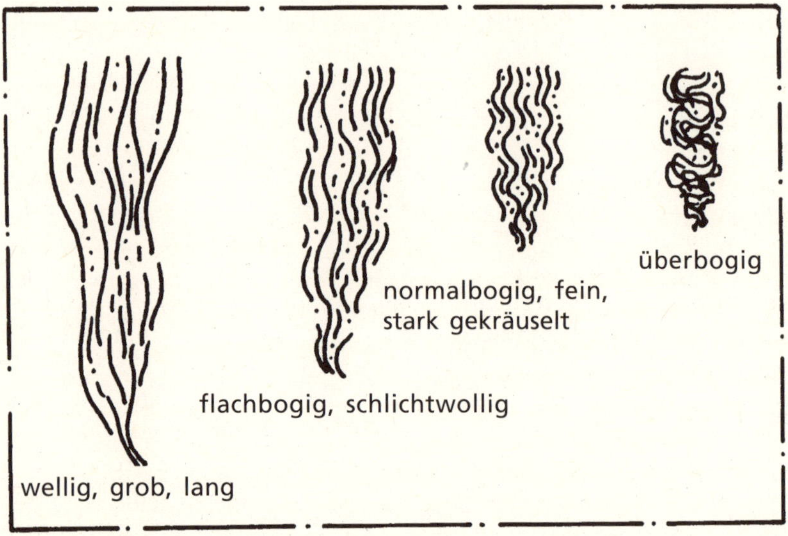

An den Stapeln lässt sich die **Kräuselung,** auch Bogigkeit, gut erkennen. Auch hierbei sind gewisse Abweichungen innerhalb einer Rasse und eines Vlieses möglich. Je feiner die Wolle ist, desto gekräuselter das Haar. Stark bogiges Wollhaar ist sehr elastisch. Überbogige Kräuselung (der Bogen beschreibt fast einen Kreis) ist unvorteilhaft, weil die Gefahr des Verzwirnens besteht, d. h., die Wolle verdreht sich ineinander und lässt sich nicht mehr auseinanderziehen. Sie ist für die Weiterverarbeitung wertlos. Dieser Wollfehler ist erblich, sehr selten nur haltungsbedingt. Schlichte Wolltypen sind flachbogig oder wellig, Grannenhaar fast glatt.

Ein Wollfehler, der die Qualität und besonders die Einfärbbarkeit stark beeinträchtigt und leider in Deutschland sehr häufig auftritt, ist das **Vergilben** der Wolle. Weiße Wolle sieht im ungewaschenen Zustand immer gelblich bis sattgelb aus, speziell in Hautnähe, wohin der Regen nicht mehr dringt. Diese Färbung ist normal. Sie wird durch die Mischung von Wollfett und Wollschweiß hervorgerufen und lässt sich im Allgemeinen auswaschen. Dunkelgelbe, orange oder gar rötliche Verfärbung deutet jedoch auf Vergilben hin, d. h., die Wolle behält auch nach dem Waschen einen Gelbschimmer. Je gelber die Einfärbung, desto stärker ist die Wolle geschädigt. Hervorgerufen wird das Vergilben durch Bakterien, die im Wollschweiß enthalten sind und sich durch ungünstige Verhältnisse übermäßig vermehren. Parallel tritt meist eine Störung oder Verminderung der Wollfettproduktion auf; das Wollhaar ist schlecht geschützt, die Bakterien können in die Rindenschicht eindringen und sich dort fest einlagern.

Dieser Vorgang kann bereits auf dem Rücken der Schafe stattfinden oder aber während der Lagerung der geschorenen Wolle.

Nicht einmal ein Fachmann kann bei einem ungewaschenen Vlies mit hundertprozentiger Sicherheit sagen, ob und in welcher Stärke eine Vergilbung vorliegt. Da für die Textilindustrie nur reinweiße Wolle von Interesse ist (uneingeschränkte Verwendungsmöglichkeit) und deutsche Wolle ein »Risiko« darstellt, erzielt sie auf dem Wollmarkt grundsätzlich niedrigere Preise. Und wird unter dem Schurertrag eines Halters ein eindeutig vergilbtes Vlies entdeckt, drückt dies den Preis der gesamten Lieferung nochmals, weil die Lieferung nun nur noch eingeschränkt, z. B. zur Einfärbung dunkler Töne, verwendet werden kann. Sortieren ist zu kosten- und zeitaufwändig.

Die Gründe für Vergilbung sind noch nicht vollständig erforscht, doch werden umweltbedingte Einflüsse maßgeblich dafür verantwortlich gemacht. Erbliche Faktoren sind jedoch nicht auszuschließen. Auf jeden Fall spielt feuchtwarmes Klima gepaart mit einer prinzipiell schwachen Wollfettproduktion eine bedeutende Rolle. Durch Fütterungs- und Haltungsfehler angegriffene Tiere zeigen eine erhöhte Wollschweißerzeugung und sind für Vergilbung anfälliger als gesunde Schafe aus artgerechter Haltung. Oft wird die Wolle durch falsche, zu gut gemeinte Einstallung im Winter verdorben. Die Tiere stehen meist zu eng, und die Ställe sind schlecht belüftet, dazu kommt die Anstrengung bei der Lammung. Das feuchtwarme Stallklima bietet die beste Voraussetzung für das Vergilben. Die Winterschur ist hier eine hervorragende Lösung.

Braune Wolle kann selbstverständlich nicht vergilben, da die braunen Farbpigmente bereits in der Rindenschicht eingelagert sind. Trotzdem wird sie genauso von zu starker Wollschweißproduktion, Fütterungs- und Haltungsfehlern angegriffen und in ihrer Qualität gemindert. Hellere, ausgeblichenere, oft trockene Stapelspitzen lassen sich nur schwer vermeiden, weil die dunkle Farbe das Sonnenlicht nicht so gut reflektiert. Deshalb ist gerade für braune Schafe ein schattiges Plätzchen auf der Sommerweide von Vorteil.

Wollpflege am Schaf

Neben den drei grundsätzlichen Aspekten Klima, artgerechte Haltung und Fütterung gibt es noch weitere Faktoren, die die Wollqualität beeinflussen. Sie sind von der Aufmerksamkeit des Halters abhängig. Sauberkeit (wenig Einstreu, Einfütterung, Kot, Urin und anderes) hebt die Güte, den Gebrauchswert und natürlich den Verkaufspreis des Vlieses. Dies ist besonders wichtig bei Eigenverwertung der Schweißwolle (enorme Arbeitserleichterung) oder Verkauf an Hobbyspinner oder Spinn- und Handarbeitsläden.

Grundsätzliches

1. Beobachten des optischen Eindrucks: Ist das Vlies staubig, stumpf oder verfilzt (besonders nahe der Hautoberfläche)? Das lässt auf Mangelernährung, Krankheit, äußere oder innere Parasiten schließen. Ein Behandeln der Ursache lässt die Wolle meist ebenfalls schnell gesunden.
2. Nur auswaschbare Farbe zum Markieren der Tiere verwenden.
3. Den Schertermin so früh wie möglich legen (vorzugsweise Winterschur), weil ein langes, dickes Vlies sehr wärmt. Die Schafe schwitzen, die Haut juckt, die Tiere scheuern sich oft und darunter leidet die Wolle.
4. Schaflausfliegen sind nicht nur für das Schaf eine Plage und bei starkem Befall gesundheitsgefährdend, sondern auch ebenso störend und unangenehm bei der Weiterverarbeitung der Wolle. Sie sterben in der geschorenen Wolle zwar schnell ab, müssen aber doch wie jedes andere Schmutzteilchen mühsam aus der Wolle entfernt werden. Bei sehr starkem Befall scheuern sich die Schafe häufig und ausgiebig, weil die Bisse jucken. Darunter leidet wiederum die Wollqualität. Schaflausfliegen werden am besten mit chemischen Mitteln bekämpft und eine Neueinschleppung sollte durch geeignete Maßnahmen vermieden werden (siehe Seite 168).

Auf der Weide

1. Stacheldraht hält Schafe meist schlecht auf, kann unangenehme Verletzungen hervorrufen und filzt zusätzlich die Wolle.
2. Disteln, Kletten und Dornengestrüpp verfangen sich in der Wolle und bilden Filznester, die nur noch herausgeschnitten werden können. Regelmäßiges Mähen oder Kurzfressenlassen durch Ziegen verhindert die Vermehrung der unerwünschten Pflanzen und bringt sie mit der Zeit zum Verschwinden.
3. Abgestellte Landmaschinen oder Autowracks verölen und verdrecken die Wolle und stellen eine Verletzungsgefahr dar.
4. Frisch in Karbolineum oder Teerfarbe getränkte Zaunpfähle verderben die Wolle und sind eine Gefahr für Menschen, Tiere und Umwelt, besonders das Erdreich um die Pfosten wird stark verseucht.
5. Ein trockener, vor praller Sonne geschützter Ruheplatz wirkt sich positiv auf die Wollqualität aus.

6. Im Allgemeinen werden Sand, Staub und Matsch aus gesunder Wolle vom Regen wieder ausgewaschen; kurz vor der Schur sollte sandige Materie jedoch vermieden werden.

Im Stall

1. Frisch gestrichene oder gekalkte Wände oder Stalleinrichtungen verfärben und/oder verkleben die Wolle.
2. Niemals bei Anwesenheit der Schafe Heu und Stroh vom Dachboden aus hinunterwerfen.
3. Einstreu und Futter möglichst im leeren Stall verteilen.
4. Ausreichende Einstreu ist wichtig, damit das Vlies nicht unnötig mit Kot verschmiert wird. Geeignet sind Hafer- und Weizenstroh; Roggen- und Gerstenstroh besitzen mehr Grannen und brechen und splittern mehr.
5. Eine funktionale Schafraufe vermindert die Einfütterung von Heu in Nacken- und Rückenpartie erheblich und ist deshalb unbedingt anzuraten. Diese kleine Investition an Arbeit und Geld holt man durch die beträchtliche Futterersparnis schnell wieder herein, die saubere Wolle gibt es dann umsonst (siehe Seite 81).
6. Gute Belüftung (kein Zug!) und ausreichend Bewegungsraum vermindern das Schwitzen und dadurch die Gefahr der Vergilbung der Wolle.

Die Schur

Scheren bedeutet keineswegs, das Schaf seines Pelzes zu berauben. Dem natürlichen Rhythmus überlassen, stößt es seine Wolle im Laufe des Frühsommers ebenfalls ab.

Schafe werden einmal jährlich geschoren. Heute sind die Winter- und die Sommerschur am weitesten verbreitet. Die Winterschur besitzt viele Vorteile besonders in Bezug auf die Wollqualität. Die Schafe werden vor dem Einstallen im Winter geschoren, die darauf folgenden Tage sollten nicht zu kalt sein. Dies ist aber nur bei einem ausgesprochen gut isolierten, richtig belüfteten Stall möglich, sonst ist die Lungenentzündung vorprogrammiert. Die Vorteile sind erheblich. Man hat mehr Platz im Stall, bis zu einem Drittel mehr Schafe können untergebracht werden. Die Entwicklung der Ablammungszeitpunkte kann besser beobachtet werden. Die Wolle ist wunderbar sauber, weil sie direkt vom Sommer auf der Wiese kommt. Eventuelle Wintereinfütterung ist bis zum nächsten Schertermin längst ausgewachsen. Wird ein Scherer bestellt, sind die Termine nicht so ausgebucht und variabler. Bei einem idealen Stall ist die Winterschur unbedingt anzuraten.

Der Zeitpunkt der Sommerschur hängt sehr vom Wetter ab. Im Allgemeinen wird nach den Eisheiligen (um den 15. Mai) geschoren. Wanderherden, besonders in den Bergen, werden oft erst nach der so genannten Schafskälte Anfang Juni geschoren. Bei guten Einstallungsmöglichkeiten für die Nächte oder verlässlicher Langzeitwettervorhersage kann die Schur aber auch vorgezogen werden. Man muss dabei immer im Auge haben, dass die Tiere einen dicken Winterpelz tragen und nach der Schur plötzlich nackt dastehen. Nach etwa zwei Wochen hat sich der Körper aber umgestellt und das Fell ist bereits nachgewachsen. Manchmal tut es in der Seele weh zu beobachten, wie die schöne Wolle täglich leidet, weil die Tage schon sommerlich warm sind – die Schafe schwitzen und scheuern sich – die Nächte sind für geschorene Tiere aber noch zu kalt.

Wer nicht selbst schert, muss sich rechtzeitig um einen Termin bei einem professionellen Scherer bemühen und ist damit, unabhängig vom Wetter, festgelegt. Adressen erfragt man am besten beim Schafzuchtverband oder bei einem nahen Großschäfer. Es können auch Schergemeinschaften gegründet werden. Mehrere Kleinschafhalter einer Gegend sprechen dann einen gemeinsamen Termin ab, das erspart dem Scherer mehrmalige längere Anreisen und verringert den Preis. Schafhalter mit nur sehr wenigen Tieren können diese unter Umständen auch zu einem anderen befreundeten Schafhalter bringen und sie auf diese Weise geschoren bekommen.

Vorbereitung

Für saubere Wolle ist es schön, wenn die Schafe einige Tage vor der Schur noch mal so richtig kräftig nassgeregnet werden oder aber durch einen etwas tieferen Bach oder sauberen See getrieben werden können. Das Wetter muss aber eine gute anschließende Trocknung erlauben, denn die Wolle muss zum Scheren so trocken wie möglich sein, um später nicht zu vergilben oder zu verschimmeln.

Der Scherplatz muss sauber gefegt sein, man kann auch ein Laken unterlegen, wenn im Liegen geschoren wird. Eine elektrische Schermaschine erfordert entweder einen Generator oder die Nähe einer Steckdose. Ein langer Weg zu den Tieren ist ungünstig. Geeignete Orte sind Stallgang, saubere Stallbucht, Innenhof, Auslauf. Oder die Schafe werden auf einer Wiese gepfercht. Genügend luftdurchlässige Säcke (Papier, Jute, Kartoffelsäcke, Bettbezüge) liegen griffbereit. Die Tiere sollten nicht zu vollgefressen und nicht frisch getränkt sein, ein voller Pansen erzeugt bei der unnatürlichen Scherhaltung Atemnot.

Das Scheren

Es wird entweder mit einer Handschere oder einer elektrischen Schermaschine geschoren. Mit der Maschine (c) geht die Arbeit schnell, ein professioneller Scherer benötigt pro Schaf nur fünf Minuten. Doch sieht es einfacher aus, als es ist und birgt zudem eine große Verletzungsgefahr in sich. Das elektrische Scheren muss unbedingt vorher gelernt werden. Kurse werden vom Schafzuchtverband und in ländlichen Gegenden manchmal sogar von der Volkshochschule angeboten. Die Anschaffung ist relativ teuer und lohnt sich nur bei einer großen Herde oder wenn man vorhat, mehr ins Geschäft einzusteigen.

Die Handschere (a) wird in dieser Form seit etwa 600 v. Chr. benutzt. Dieses Modell hat sich so bewährt, dass es nicht zu verbessern ist. Ein geübter Scherer schafft damit drei Schafe in der Stunde und hat auch Ausdauer genug, dies über mehrere Stunden durchzuhalten. Ohne Übung muss man mit mindestens einer Stunde pro Tier rechnen und einem anschließenden Krampf sowie Muskelkater. Wer noch nie ein Schaf geschoren hat, sollte es sich auch beim Scheren mit einer Handschere vorher zeigen lassen oder wenigstens einmal zuschauen. Von dem modernen Modell (b) der Handschere ist abzuraten. Das Scheren dauert noch länger, weil die Schnittfläche so extrem klein ist. Die Handmuskulatur wird noch stärker beansprucht und leicht überanstrengt.

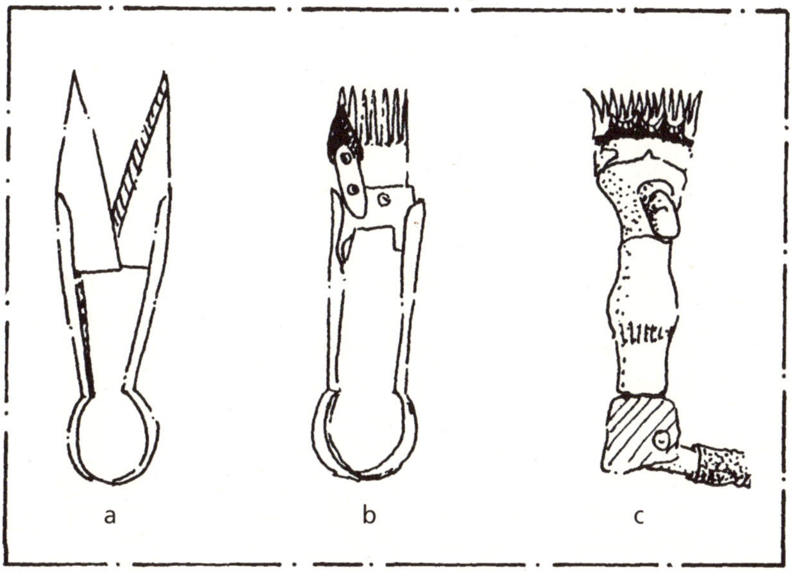

Normalerweise wird das Schaf zum Scheren auf sein Hinterteil oder in eine Schurbank gesetzt, weil es sich so am ruhigsten verhält und vom Scherer, der hinter dem Tier steht, allein bewältigt werden kann. Auch für die Sauberkeit der Wolle ist diese Haltung am vorteilhaftesten. Für das Scheren im Liegen ist eine Hilfe zum Festhalten des Schafes angebracht. Das Tier liegt auf der Seite und wird dann zur anderen Seite gedreht. Hier sollte man möglichst ein großes Tuch unterlegen, um die Wolle zu schonen. Auch für das Scheren im Stehen benötigt man eine Hilfskraft, doch ist in dieser Stellung das Schaf sehr schwierig ruhig zu halten.

In sitzender Haltung beginnt man am Kopf und schneidet das Vlies um Nacken und Hals Stück für Stück kreisförmig vom Körper des Schafes. Im Liegen fängt man am Hals oder am Bauch an den Hinterbeinen

an. Das Messer wird dicht über der Haut geführt. Häufiges Nachschneiden zerschnippelt die Wolle und lässt das frisch geschorene Schaf ganz zerfranst erscheinen. Ein zusammenhängendes Vlies und eine glatte Schnittfläche zeigen eine gute Schur. Die freie Hand spannt Hautfalten am Hals und den Beinbeugen, um Verletzungen zu vermeiden. Wird die Haut dennoch einmal eingeritzt, muss die Wunde sofort mit Desinfektionsmittel behandelt werden. Besondere Aufmerksamkeit gilt dem Geschlechtsorgan der Böcke und dem Euter. Das frisch geschorene Vlies wird mit der Innenseite nach außen für mindestens zwei Stunden offen hingelegt, damit die Körperwärme und -feuchtigkeit entweichen kann und nicht bei der Lagerung zu Schimmel und Vergilben führt. Das Vlies wird besäumt, d. h., die Lockenwolle vom Kopf und Beinansatz, die minderwertige Bauchwolle sowie die stark verschmutzte Wolle der Schwanzpartie werden entfernt und extra gesammelt.

Zu guter Letzt wird jedes Vlies für sich in einen Sack verpackt. Dafür werden die Beinpartien so eingeschlagen, dass Außenseite auf Außenseite zu liegen kommt. Dann rollt man das Vlies so zusammen, dass die saubere Innenseite nach außen zeigt. Die Wolle darf nicht eng gestopft werden, weil sie Luft zum Atmen braucht. Die Säcke sollten beschriftet werden, damit man sich auch nach einiger Zeit noch zurechtfindet. Zumindest das Schurdatum und um welche Art Wolle es sich handelt (Lamm-, Schaf-, Altschaf- oder Bockwolle) sollte vermerkt werden. Ab einer gewissen Herdengröße ist das Verpacken in Säcke nicht mehr angebracht, sondern ein Sortieren der Wolle vorteilhafter, wenn nicht der gesamte Schurertrag geschlossen abgegeben wird.

Sortieren, lagern, verkaufen

Sortieren ist eine Kunst. Jahrelange Erfahrung schult das Auge und den Griff, denn hierauf kommt es an, wenn man die feinen Unterschiede in Wollfeinheit und Glanz herausfinden will. Der Schafhalter beschränkt sich lieber auf das Grobsortieren. Wie bereits mehrfach erwähnt, gibt es Qualitätsunterschiede innerhalb der Rassen sowie beim einzelnen Vlies. Bei sorgfältiger Betrachtung und besonders bei eigener Erfahrung in der Verarbeitung von Wolle sollte es niemandem schwerfallen, gute von schlechter Wolle zu trennen. Die Abbildung auf der folgenden Seite soll helfen, die sauberen und weniger beanspruchten Wollpartien herauszufinden, wobei die Felder natürlich nicht so klar getrennt sind. A bezeichnet die beste Qualität, H die schlechteste.

Für das Grobsortieren ergeben sich zwei Kriterien: 1. nach Sauberkeit, darunter fällt Einfütterung, Verkotung und Wollschweißgehalt (dunkel-

gelbe bis rötliche Verfärbung deutet auf Vergilben hin). 2. nach Feinheit und Kräuselung, eventuell noch Stapellänge, falls diese stark variiert. Hier fällt die Entscheidung schon erheblich schwerer und sollte nur vorgenommen werden, wenn es wirklich notwendig ist. Lammwolle wird getrennt sortiert, Bock- und Altschafwolle überhaupt nicht.

Abfallwolle oder unbrauchbare Vliese gehören nicht auf den Kompost, weil Wolle sehr lange braucht, um zu verrotten. Die Wärme und längere Rottzeit des Misthaufens sind angebrachter. Man kann auch etwas Wolle in das Pflanzloch beim Bäumesetzen geben, die langsame Zersetzung verspricht eine lang anhaltende Düngewirkung. Ansonsten bleibt nur der Müllplatz.

Die **Lagerung** von Schweißwolle ist im Allgemeinen problemlos, bei großen Mengen eher eine Platzfrage. Berge sortierter Wolle müssen an einem sauberen, staubfreien Ort aufbewahrt werden. In Säcken ist die Wolle etwas besser geschützt. Ein geeigneter Ort ist dunkel, nicht zu warm, aber luftig. Auf dem Dachboden hält sie sich z. B. über mehrere Jahre einwandfrei. Warme, feuchte Luft fördert Schimmel und nachträgliche

Vergilbung; trockene Luft lässt das Wollfett verharzen, was die Weiterverarbeitung behindert. Mäuse und Motten scheinen Schweißwolle weitgehend zu verschmähen, ganz im Gegensatz zu gewaschener Schafwolle.

Der **Verkauf von Wolle** gestaltet sich schon erheblich schwieriger. Das war nicht immer so. Jahrhundertelang war die Wolle der Hauptgrund für die Schafhaltung. Das änderte sich erst mit der Einführung von Baumwolle und der Erfindung der synthetischen Fasern Ende des 19. Jahrhunderts. Der Wollpreis fiel und die Schafhaltung stellte sich allmählich auf Fleischproduktion um. Heute nimmt Wolle nur einen verschwindend geringen Prozentsatz der Faserproduktion ein. Doch hat der Trend nach umwelt- und körperverträglichen Materialien auch in Bezug auf die Nachfrage nach Wolle eine gewisse Wende gebracht. Das veränderte Konsumentenbewusstsein hat sogar das »schwarze Schaf« wieder salonfähig gemacht.

Kleinschafhalter können alternative Verkaufsmöglichkeiten in Betracht ziehen. Wer um die zehn Vliese pro Jahr erhält, wird mit dem Privatverkauf wenig Schwierigkeiten haben, besonders wenn einige Wolle selbst verarbeitet wird. Meist reicht ein Schild an der Straße, denn unter den Urlaubern und Wochenendausflüglern befinden sich mehr Hobbyspinner als man annimmt. Und die freuen sich, eine Schafhaltung mal in natura anschauen zu können. Ein Blick in die lokale Zeitung oder eine dort aufgegebene Anzeige erfordern keinen großen Aufwand und kosten wenig Geld. Eine Anfrage bei einem nahe gelegenen Handarbeitsgeschäft kann nichts schaden. Sind die Wollberge höher, reicht dies vielleicht nicht aus, um alles zu verkaufen. Aber auch hier gibt es verschiedene Möglichkeiten, die durchaus einen Versuch wert sind. Spinnen und Filzen sind verbreitete Hobbys. Es gibt ganze Ladenketten und Versandhandelsgeschäfte, die sich vorwiegend auf die Versorgung der Hobbyspinner spezialisiert haben. Adressen findet man im Internet, in umweltorientierten Zeitschriften und Handarbeitsheften; eine schriftliche Anfrage kann u. U. einen regelmäßigen Großabnehmer bescheren. Mit einer eigenen Anzeige in diesen Publikationen erreicht man sehr viel mehr Interessenten.

Ebenso gibt es kleinere Spinnereien, die Wolle zu akzeptablen Preisen aufkaufen. Braune Wollen erfreuen sich besonders hoher Nachfrage. Oder wäre vielleicht ein eigener, kleiner Versand eine Lösung? Diese Spinnereien waschen, kardieren und spinnen auch in Lohnarbeit, und zwar in relativ schonender Weise. Bei manchen Spinnereien erhält man garantiert seine eigene Wolle zurück und die Kosten sind so, dass sich noch ein kleiner Gewinn machen lässt.

Seit 1993 gibt es eine weitere, hochinteressante Möglichkeit, seine Wollerträge zu veredeln: Die *Wollaktion* (siehe Anhang, Seite 176). Man gibt eine vorgeschriebene Menge Wolle hin und erhält fertige Wollprodukte zu einem äußerst kostengünstigen Preis zurück. Die Erzeugnispalette reicht von Wolldecken und Handwebteppichen über Pullover, Westen, Allroundjacken bis hin zu den guten, alten Wollsocken. Ihren Ursprung nahm die Wollaktion bei den Milchschafhaltern in Baden-Württemberg, auch schlichte Wolle sollte eine Verwendung finden und nicht auf dem Müll landen müssen. Im Laufe der Jahre hat die Wollaktion einige Bedeutung erlangt, auch feine Wolle anderer Rassen wird heute dort abgegeben, was zu einer qualitativen Verbesserung der Erzeugnisse geführt hat. Mit der stetig erweiterten Produktpalette und immer neuen Wollsammelstellen nun auch in anderen Bundesländern befindet sich die Wollaktion auf eindeutigem Erfolgskurs. Seit 2002 hat sie sogar ein eigenes eingetragenes Warenzeichen. Und wem die Wege zur nächsten Annahmestelle zu weit sind, der kann die Wolle mit der Post zusenden. Die Wollaktion ist eine prima Idee besonders für Kleinschafhalter. Für die tollen Wollartikel lassen sich schnell dankbare Abnehmer finden und bei dem günstigen Einkaufspreis lässt sich über den Weiterkauf auch ein deutlich besserer Verdienst erzielen als beim Verkauf der Rohwolle selber.

Die Bedeutung der Wolle für die Selbstversorgung

Die Techniken und Verarbeitungsmöglichkeiten von Wolle sind so vielseitig, dass man damit ohne Probleme ein dickes Buch füllen kann. Deshalb kann hier nur ein Überblick gegeben werden, der hoffentlich alle, die noch nicht zur wenigstens teilweisen Eigenverwendung übergegangen sind, eines Besseren lehrt.

Grundsätzlich sollte man nie den ganzen Wollvorrat verkaufen, denn **Rohwolle** kann man oft für das eine oder andere gebrauchen. So z. B. zum Isolieren, zum Ausstopfen von Ritzen und zugigen Fensterspalten, und man hat immer Heilwolle für eine Auflage (siehe Seite 113) zur Hand. Leicht ausgespült, verschwindet sie in flachen Stuhlpolsterungen oder handgenähten Puppen und Tieren.

Die Weiterverarbeitung der Rohwolle ist heute keine Notwendigkeit mehr, doch macht es Spaß und bedeutet ein kleines Stückchen mehr Unabhängigkeit in unserer heutigen, auf Kaufen ausgerichteten Welt. Und die Bewunderung und Anerkennung von Freunden und Bekannten ist einem dabei gewiss. Man glaube auch nicht, dass dies eine traditionelle Frauenarbeit sei und unter der männlichen Würde liegt! Spinnen ist die traditionelle Hirtentätigkeit und die wurde und wird heute noch hauptsächlich von Männern ausgeführt. So beherrschen bestimmt so viele Männer wie Frauen in den Ländern der Dritten Welt das Spinnen mit der

Handspindel. Seit der Erfindung des mechanischen Webstuhls Mitte des 15. Jahrhunderts waren es fast ausschließlich Männer, die die benötigten Stoffe webten. Das Verarbeiten der Wolle ist also eine Aufgabe für die ganze Familie.

Der Vorteil, alles von Grund auf selbst zu machen, liegt darin, dass man die Weiterbehandlung der Wolle selbst in der Hand hat, schonend mit ihr umgehen kann und so ihre ganzen positiven Eigenschaften erhalten und sich zunutze machen kann. Meist ist es nämlich vorteilhaft, wenn die Wolle noch einen nicht zu geringen Restfettgehalt besitzt. Doch solches Garn können wir nur selbst herstellen. Das Wollfett erhöht die Faserhaftung beim Spinnen und pflegt gleichzeitig die Hände, es schützt die empfindlichen Wollschuppen auch im fertigen Garn/Produkt und wirkt weiterhin schmutz- sowie wasserabweisend.

Um diese Fähigkeiten zu erhalten, müssen die Rohwolle sowie alle Wollsachen schonend gewaschen werden. Hier eine **Waschanleitung:** weiches Wasser, am besten Regenwasser verwenden. Kalkhaltiges Wasser mehrere Tage stehen lassen. Die Temperatur richtet sich nach dem Verschmutzungsgrad, je kühler, desto besser, aber nicht über 50 °C. Nur wenn wirklich nötig, Wollwaschmittel verwenden; zum Einfärben muss stärker entfettet werden, deshalb härteres Waschpulver benutzen. Ein Restwollfettgehalt lässt Farben schwacher, eher pastell erscheinen. Spülbadtemperaturen langsam senken, keine Sprünge von über 20 °C machen. (Waschwasser ohne Spülmittel ist Flüssigdünger für Starkzehrer oder den Kompost.) Die Wolle wird hineingelegt und vorsichtig wieder herausgehoben, kein Rubbeln, Rühren, kräftiges Schwenken! Nasse Wolle filzt sehr schnell. Waschen (im Bettbezug) in der Waschmaschine ist möglich, aber keine faserschonende Behandlung; Schleudern (im Bettbezug) dagegen schadet der Wolle nicht. Getrocknet wird sie an einem warmen, luftigen Ort, fertige Produkte vorzugsweise im Liegen. Ofennähe und direkte Sonneneinstrahlung schädigen die Wolle.

Einmal total entfettete Wolle kann nicht mehr rückgefettet werden, deshalb sollte man bei etwa jeder dritten Wäsche etwas Wollfett im warmen Spülwasser lösen und die Sachen eine halbe Stunde oder länger darin ziehen lassen. Diese Maßnahme erneuert den Wollfettgehalt. Gewaschene, weitgehend entfettete Wolle ist auch wieder nach dem Geschmack von Motten und Mäusen. Einwickeln in Zeitungspapier hilft und riecht besser als Mottenkugeln; zugeklebte Papiersäcke lassen die Wolle atmen, versperren den Motten aber den Zugang.

Der nächste Behandlungsschritt ist im Allgemeinen das **Kardieren.** Hierbei werden die einzelnen Wollhaare mehr oder weniger in eine Richtung ausgerichtet, es entstehen je nach Kardiergerät kleine oder große, luftig weiche Vliese aus lockerer Wolle.

Zum Kardieren verwendet man entweder Handkarden, deren korrekte Handhabung einige Übung erfordert und auf jeden Fall anstrengend und zeitaufwändig ist, oder eine Trommelkarde, die zwar relativ teuer in der Anschaffung ist, sich aber in der Arbeits- und Zeitersparnis mehrfach bezahlt macht. Breite, lange Kardenbänder lässt man in einer Spinnerei maschinell anfertigen; sie sind sehr brauchbar bei der Herstellung von Unterbetten und Steppdecken, es geht aber auch mit den Bändern der Trommelkarde. Das Kardieren ist eine ziemlich brutale Wollbehandlung, die wir durch vorheriges Lockern (Zupfen) der Fasern sehr abmildern. Ein interessanter Aspekt ist die Möglichkeit, durch Kardieren lebendige Farbmischungen zu erzeugen, ob mit gefärbter Wolle oder Naturtönen.

Kardierte Vliese verwendet man zur Herstellung von Steppjacken, Kinderschlafsäcken, Kissen, Unterbetten, Steppdecken sowie zum Aufpolstern. Wichtig ist, dass die Wolle durch kurze Nähte festgehalten wird, weil sie sonst bei Gebrauch verrutschen würde. Schmale Kardenbänder kann man mit dicken Nadeln verstricken und verhäkeln, sie eignen sich für Websticharbeiten oder als Schussgarn in dekorativen Wandbehängen (unversponnen besitzt die Wolle wesentlich weniger Stabilität). Mit den kleinen Vliesen, wie sie beim Kardieren mit den Handkarden entstehen, wird gefilzt. Drei bis vier solcher Wolllagen werden kreuzweise übereinandergelegt, mit heißer Schmierseifenlauge durchnässt und durch Reiben, Rubbeln und Walken ineinander gearbeitet. Dabei läuft das Arbeitsstück erheblich ein, bis zu 50 %. Man kann alles filzen, die guten alten Filzpantoffeln und -hüte, Stiefeleinlagen, Bilder, Baskenmützen, Handschuhe, ja sogar Teppiche. Loden ist übrigens nichts anderes als gewalkter Wollstoff, warm, windundurchlässig und wasserabweisend.

Zum **Spinnen** benötigen wir nicht unbedingt kardierte Wolle, saubere, gut gezupfte Rohwolle ist ebenso geeignet. Beim Spinnen geht es darum, die einzelnen Fasern so miteinander zu verdrehen, dass ein endloser, haltbarer Wollfaden entsteht. Jahrtausendelang benutzte man dafür die Handspindel, ein Stock, der unten durch eine runde Scheibe beschwert wird. In Ländern der Dritten Welt sieht man sie noch heute überall; Kinder, Frauen, alte Männer spinnen mit der Handspindel im Gehen, Sitzen und Stehen. Das Tretspinnrad gibt es erst seit etwa 1530. Es arbeitet sehr viel schneller, kann dafür aber nicht ganz so feine Wollgarne herstellen wie die Handspindel. Spinnen ist eine ausgesprochen entspannende, nervenberuhigende, fast meditative Tätigkeit; zum Erlernen besorgt man sich entweder ein gutes Buch oder nimmt an einem der zahlreich angebotenen

Spinnkurse teil. Es lassen sich Garne in verschiedenen Stärken und ganz unterschiedlichen Strukturen anfertigen, je nachdem wie man sie für das gewünschte Endprodukt braucht. Es sind nur ein wenig Geduld und etwas Übung erforderlich, das Spinnen ist schnell erlernt.

Handgesponnenes Garn verwendet man zum Stricken, Häkeln, Weben und Knüpfen und fertigt daraus Jacken, Decken, Stoffe, Socken, Pullover, Mützen, Handschuhe, Windelhöschen, Gardinen, Teppiche, Läufer und vieles mehr. Unterschiedliche Garne und Wolle aus verschiedenen Vorbereitungsstufen eignen sich wundervoll zur Gestaltung künstlerischer Webbilder.

Wolle als Dämmstoff

Wolle hat in den letzten Jahren nun auch in der Bauindustrie ihren Einzug gehalten. Dank ihrer hervorragenden Eigenschaften, wie Elastizität, Formstabilität und Langlebigkeit, lassen sich aus ihr Dämmstoffe für die Wärme- und Schallisolierung herstellen, die sogar bei Feuchtigkeitsaufnahme kaum an Dämmvermögen verlieren. Zur Verwendung kommen Schurwolle und Recyclingwolle, letztere aus der Verwertung alter Wolltextilien. Ökologisch gesehen ist das sinnvoll, da Wolle ein nachwachsender Rohstoff ist.

Einziges Problem: Die Schurwolle wird vor der Verarbeitung gewaschen und damit anfällig gegen Mottenfraß, sofern die Motten an die Wolle gelangen können. Dem versucht man vorzubeugen, indem die Dämmmaterialien mit Schutzmitteln behandelt werden. Auch Brandschutzmittel finden Verwendung. Diese Mittel müssen lange an der Wolle haften, da man an die Dämmmaterialien nicht mehr herankommt, wenn sie einmal eingebaut sind. Es ist also wünschenswert, dass die Behandlung der Wolldämmstoffe möglichst so erfolgt, dass sie baubiologisch für die Bewohner wollisolierter Häuser unbedenklich bleibt.

Die Verwendung von Dämmstoffen aus nachwachsenden Rohstoffen wurde in der Vergangenheit hin und wieder staatlich gefördert; leider vertritt die Politik dabei aber keine verlässliche Linie. Den aktuellen Stand der Dinge kann man dem Internet entnehmen.

Milch

Zusammensetzung und Eigenschaften

Unbestritten ist Schafmilch die beste Milch, egal ob man ihren Nährwert, Heilwert oder die wirtschaftliche Rentabilität betrachtet. Schon der sahnige, süße, nussartige Geschmack überzeugt – auch Nichtmilchtrinker.

Es gibt viele Tabellen, die die Milcharten miteinander vergleichen, doch findet man keine einheitlichen Werte. Das liegt daran, dass die Zusammensetzung der Milch von vielen äußeren Faktoren wie Jahreszeit, Laktationsdauer und vor allem Fütterungsbedingungen abhängig ist. Letztere wirken sich stark auf Milchmenge (Klee und Hafer steigern sie), Vitamingehalt und Geschmack aus. Silage macht Milch und Käse ungenießbar und sollte auf jeden Fall mindestens zwei Wochen vor Melkbeginn vom Futterplan abgesetzt werden. Die Milchmenge ist allerdings auch von der Laktationsdauer abhängig. Im Laufe der Melkperiode nimmt die Menge langsam ab, während Fett- und Eiweißanteil prozentual zunehmen. Im Oktober zur Abmelkzeit erhalten wir fast pure Schlagsahne aus dem Euter.

Der etwa doppelt so hohe Anteil an Trockensubstanz der Schafmilch im Vergleich mit Kuh- oder Ziegenmilch verdoppelt auch die Käseausbeute. So erhält man aus zehn Litern Schafmilch etwa zwei Kilo Käse, während es bei Kuh oder Ziege nur ein Kilo oder weniger ist. Deshalb ist unter anderem das Käsemachen mit Schafmilch so populär. Egal welchen Inhaltsstoff man wählt, die Werte der Schafmilch liegen grundsätzlich höher (meist um ein Vielfaches) als bei Kuhmilch. Darunter befinden sich zwei Stoffe, denen erstaunliche Heilkräfte zugeschrieben werden: Orotsäure und Amygdalin. Denn zwei Erkenntnisse haben Wissenschaftler dazu veranlasst, sich näher mit der Schafmilch zu beschäftigen. Einmal die Tatsache, dass Schafe als einzige Lebewesen krebsresistent sind. Zum anderen, dass in Gegenden, wo die Menschen überdurchschnittlich alt werden und sich trotzdem bester Gesundheit erfreuen, Schafmilch und ihre Produkte, besonders Käse, das Hauptnahrungsmittel sind. Man nimmt an, dass der sehr hohe Gehalt an Orotsäure (450 mg/l) dafür verantwortlich ist. Orotsäure, auch als Vitamin B_{13} bezeichnet, übt eine stark regenerierende Wirkung auf Zellen aus, speziell der Leber und des Magen-Darm-Trakts. Außerdem betätigt sie sich als Transportstoff für Magnesium, welches wiederum ein wichtiges Mineral mit krebshemmender Wirkung ist. Ein weiterer krebsfeindlicher Stoff, der sich in großer Menge in Schafmilch befindet, ist Amygdalin. Man bemerkt ihn als feines Mandelaroma der Milch, die Schafe nehmen ihn über das Futter auf. Amygdalin ist in

Rispengräsern und deren Samen enthalten, die bis zu vierzig Prozent der Futtermenge ausmachen. Deshalb ist Hafer als Kraftfutter für Milchschafe ausgezeichnet. Die Heilwirkung der Milch wird auch in der Medizin geschätzt, deshalb wird sie in Krankenhäusern Genesenden gegeben und zur Unterstützung in der Diät von Magen-Darm-Patienten verwendet. Es soll auch Fälle geben, wo Tuberkulose mit Hilfe einer Schafmilchkur geheilt wurde.

Zum Schluss möchte ich noch auf einen Umstand aufmerksam machen: Auch Giftstoffe, Umweltgifte wandern in die Milch und dadurch in unseren Magen. Ungünstige Weideplätze wurden bereits vorgestellt. Die zweite vermeidbare Schadstoffquelle sind Futtermittelmischungen (siehe auch Seite 87). Häufig werden diese aus Produkten der Dritten Welt zusammengestellt, wo große Monokulturen und Unwissenheit einen verantwortungslosen Umgang mit Kunstdünger und Spritzmitteln nach sich ziehen. Auch finden sich gentechnisch veränderte Sojabohnen, Mais und Ähnliches in den Mischungen, die nachteiligen Folgen der genmanipulierten Produkte sind aber wenig erforscht. Wer weiß, welche Behandlung die Futtermittel noch während der Lagerung, der Verarbeitung und des Transports erfahren. Besser bedient ist man mit heimischem Getreide, besonders Hafer, der von allen Getreidearten am wenigsten chemisch behandelt wird.

Melkhygiene

Milch ist ein sehr empfindliches Nahrungsmittel und nimmt schnell fremde Gerüche an. Außerdem bildet sie einen idealen Nährboden für jegliche Art von Keimen und Bakterien. Diese befinden sich zwar ohnehin in der Milch, durch unsachgemäße Behandlung vermehren sie sich jedoch tausendfach und verderben die Milch. Aus diesen beiden Gründen ist peinlichste Sauberkeit bei allem, was mit der Rohmilch in Berührung kommt, oberstes Gebot.

Melkschalen, Milcheimer, Filter, Käseformen usw. werden nach Gebrauch heiß abgewaschen und kurz vor Gebrauch mit kochendem Wasser sterilisiert. Offene Milch sollte nie im Kühlschrank aufbewahrt werden, es sei denn, er ist nur für Milch. Besser ist ein dunkler, sauberer, kühler, luftiger Ort, an dem sich kein Obst, Gemüse, Milchsaures oder gärender Wein befindet. Hygiene beim Melken selbst ist ebenso wichtig, um die Keimzahl so gering wie möglich zu halten. Alle Arbeiten, die Staub wirbeln, nach dem Melken erledigen. Besser nicht direkt im Stall, sondern in einer eigenen Buchte, im Stallgang (sauber!) oder auf einem Melkstand melken. Ein zugewachsenes Euter wird freigeschnitten, die Schwanzpartie bei stark verkoteter Wolle ebenfalls. Die Hände werden vor und nach dem Melken gründlich mit Seife gewaschen und abgespült. Das Euter wischt man vorher ab.

Eine Milchuntersuchung auf menschenübertragbare Krankheiten wie Brucellose ist empfehlenswert, wenn man die Milch oder ihre Produkte verkauft. Wo und wie sie durchgeführt wird, erfährt man beim Tierarzt oder beim zuständigen Veterinäramt.

Das Melken

Gemolken wird zweimal täglich vom Zeitpunkt des Absetzens der Lämmer an bis zum Abmelken Ende September/Anfang Oktober, wenn die Milchmenge zu gering geworden ist. Zu Anfang muss der Zwölf-Stunden-Rhythmus streng eingehalten werden, um eine Euterentzündung zu vermeiden. Bei sehr prallem Euter und kleinen, unhandlichen Strichen erleichtert dreimaliges Melken die Arbeit. Nach zwei bis drei Wochen kann der Rhythmus langsam an den Alltag angepasst werden. Eine tägliche Milchmenge von 1 bis 2,5 Litern pro Tier liegt im Bereich des Normalen.

Der Melker hat kurze Fingernägel, um das Euter nicht zu verletzen. Er melkt von der Seite mit beiden Händen abwechselnd die rechte und die linke Zitze. Bei kleinen Zitzen lässt man den kleinen Finger oder auch den Ringfinger bei der Ausstreichbewegung weg. Zierliche Frauenhände sind manchmal geschickter beim Schafemelken. Ist kein Melkstand vorhanden, erweist sich ein Melkschemel (Fußbänkchen) als bequem, die Melkschale wird untergestellt. Eine dicke Arbeitsjacke hält die Kleidung sauber (Wollschweißgeruch) und trocken (regennasse Wolle), weil wir gegen das Schaf lehnen, besonders wenn es im Frühjahr voll in Wolle steht. Hierbei lernt man auch die Schaflausfliegenfreiheit zu schätzen, denn diese Viecher sind eklig, auch wenn sie uns Menschen nicht beißen.

Vor dem eigentlichen Melken müssen wir **aufrüsten,** d. h., das Euter wird von den Schenkelhöhlen aus abwärts gestrichen/massiert, um die Milch zu lockern. Anschließend schlagen wir leicht mit der flachen Hand gegen den Euterboden, was das Stoßen der Lämmer imitiert. Nun wird das Euter zügig leer gemolken, noch einmal nachgerüstet und dann vollständig entleert. Ein geübter Melker braucht pro Tier vielleicht drei Minuten. Zum Abschluss streicheln und bedanken wir uns bei dem Schaf, denn Milchschafe sind sensible, gesellige Tiere, die sich an ihre Halter stark gewöhnen und gerne schmusen.

Die vorgestellte **Melktechnik** nennt sich Fausten, alle anderen Techniken wie Euterauspressen, Ziehen an den Strichen, Knebeln u. a. schädigen das Eutergewebe und sind abzulehnen. Daumen und Zeigefinger umschließen den Zitzenansatz und schnüren ihn fest zu. Dabei kann eine leichte

Aufwärtsbewegung – der Milch entgegen – stattfinden. Die Milch wird dabei in die Zitze gedrückt und kann nicht mehr ins Euter zurückfließen. Sie ist in der Handfläche spürbar, die Zitze gleicht ein wenig einem mit Wasser gefüllten Luftballon.

Nun streichen wir die Milch heraus, indem wir nacheinander Mittel-, Ring- und kleinen Finger auflegen. Jetzt öffnen wir unsere Umklammerung von Daumen und Zeigefinger, damit wieder neue Milch in die Zitze nachfließen kann. Währenddessen führen wir die gleiche Bewegung mit der anderen Hand an der anderen Zitze aus. So geht es im Wechsel, bis das Euter leer ist.

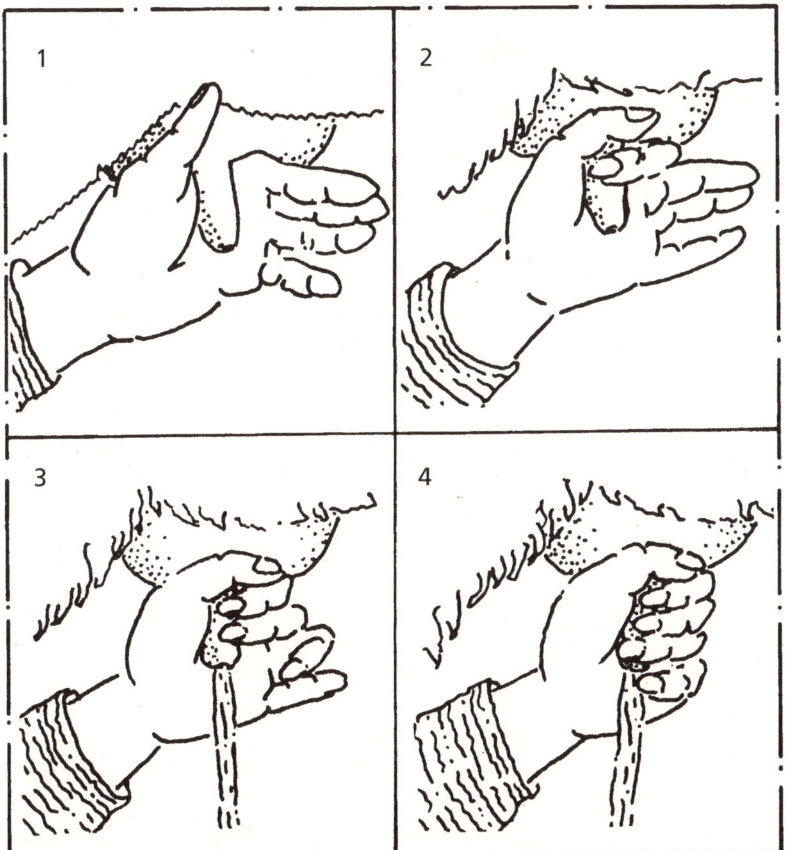

Tipps für Anfänger:
Die Handbewegung kann gut geübt werden, indem der Finger der jeweils anderen Hand als Zitze dient. Zuschauen, wie stürmisch Lämmer bei ihren Müttern saugen, oft sind wir Menschen viel zu feinfühlig und scheuen uns, die Milch am Zitzenansatz richtig abzudrücken. Nur Mut! Wer unsicher ist, kann mit dem Melken beginnen, solange die Lämmer noch nicht abgesetzt sind. Dann besteht keine Gefahr der Euterentzündung, weil die Lämmer die Mutter schon leer saufen werden. Wenn man allerdings keinen Tropfen herausbringt, kann es auch daran liegen, dass die Kleinen alles weggetrunken haben. Ein leeres Euter ist etwas schlaff. Um etwas Milch zu »reservieren«, hilft es mitunter nur, die Lämmer für einen halben Tag sicher wegzusperren.

Im Allgemeinen macht das Verhalten der Schafe beim Melken keine Probleme. Eine Erstlingsmutter muss vielleicht eingewöhnt werden, was am besten mit Festbinden und einer kleinen Haferbelohnung während oder nach dem Melken geschieht. Schafe, die partout nicht wollen, werden am Halsband festgemacht und stehen mit der Flanke an der Wand. Wir können sie dann mit der Schulter dagegen drücken, wenn sie zu stark rumzappeln sollten. Einen Tritt in den Milcheimer kann man verhindern, indem man das tretende Bein mit dem angewinkelten Unterarm und Ellbogen hoch- und wegdrückt. Eventuell muss man durch einen schnellen Griff die Melkschale fortnehmen, um die Milch zu retten.

Behandlung der Milch nach dem Melken

Die Milch wird anschließend sofort durch Wattescheiben (in Molkereigenossenschaften erhältlich) gefiltert, um Haare, Schmutz und Sand zu entfernen. Die Milch von jedem Gemelk wird in einem eigenen sauberen Gefäß aufbewahrt und nach etwas Abkühlung zugedeckt an einen kühlen, dunklen Ort gestellt. Licht zersetzt das Vitamin Riboflavin. Abrupte Abkühlung auf Kühlschranktemperatur tötet zwar zuverlässig viele Krankheitserreger, doch leider auch die erwünschten Milchsäurebakterien, die wir für die Weiterverarbeitung der Milch so dringend brauchen. Die Milch verliert ihre Fähigkeit zu säuern, stattdessen verdirbt sie. Gekühlt aufbewahrt ist Rohmilch zwei bis drei Tage haltbar.

Drei Verfahren gibt es zur **Haltbarmachung** der Rohmilch. Sterilisieren (Erhitzen auf 100 °C) ist nicht so empfehlenswert, da viele Inhaltsstoffe dabei zerstört werden und die Milch einen eigenartigen Geschmack annimmt. Schonender ist das Pasteurisieren (erhitzen für 45 Sekunden auf 71 bis 74 °C). Das verlängert die Haltbarkeit um ein bis zwei Tage, man muss jedoch genau arbeiten und ein Milchthermometer benutzen.

Die effektivste Methode ist das Tieffrieren der frisch gemolkenen Milch, nachdem sie etwas abgekühlt ist. Auf diese Weise bleibt sie drei Monate haltbar, erleidet so gut wie keinen Qualitätsverlust und schmeckt nach dem Auftauen fast wie frische Milch.

Die Bedeutung der Milch für die Selbstversorgung

Mit Schafmilch kann man **kochen** wie mit jeder anderen Milch auch, nur muss man sie wegen des hohen Anteils an Fett und Eiweiß immer etwas verdünnen. Die Speisen schmecken feiner, abgerundeter als mit Kuhmilch. Für Säuglingsnahrung sollte sie zur Hälfte mit Wasser verdünnt werden, weil der hohe Fettgehalt leicht Durchfall verursacht. Sonst ist gegen Schafmilch nichts einzuwenden, im Gegenteil: Wir können unseren Kindern nichts Gesünderes geben. In Saucen und im Kaffee nehmen wir sie unverdünnt, ebenso im Müsli (ein Genuss!) oder als sahnigen Milchshake mit frischen Erdbeeren. Schafmilch rahmt schnell und satt auf. Die **Sahne** ist leicht abzuschöpfen und wird wie Schlagsahne verwandt. Gesäuert schmeckt sie wie Crème fraîche. Selbstverständlich kann man mit ihr auch Buttern.

Säuerung

Rohmilch säuert langsam, aber stetig von allein, wenn sie nicht zu kalt gelagert wurde. Der Säuerungsgrad hängt von Zeit und Temperatur ab. Die Milchsäurebakterien vergären einen Teil des Milchzuckers (Lactose) zu Milchsäure, dadurch gerinnen die Eiweißstoffe und flocken aus. Andere Bakterien und Keime werden in diesem sauren Milieu in ihrer Entwicklung unterdrückt. Sauermilchprodukte sind gut bekömmlich und relativ lange haltbar.

- **Dickmilch:** Rohmilch wird in einem flachen Gefäß für mindestens 24 Stunden an einen warmen Ort (um 20 °C) gestellt. Ein Esslöffel bereits fertige Dickmilch untergerührt, beschleunigt den Säuerungsprozess und wird auch als Starter bei pasteurisierter Milch verwendet.

- **Joghurt:** Joghurt gelingt mit Schafmilch ausgezeichnet. Pasteurisierte Milch wird auf 40 °C (38,5 bis 42 °C) erhitzt und mit Joghurtbakterien (Ferment aus dem Reformhaus oder einem Becher Naturjoghurt, unbehandelt) geimpft. Hält man den Ansatz für mehrere Stunden konstant bei dieser Temperatur, können sich diese Bakterien ideal vermehren. Je länger die Milch warm gehalten wird, desto säuerlicher schmeckt der Joghurt. Anschließend lässt man den flüssigen Joghurt abkühlen und lagert ihn im Kühlschrank. Über Nacht wird er fest.

Als Gefäße benutzt man kleine, gut gereinigte Schraubgläser, zum Warmhalten eine Kochkiste. Sehr praktisch sind Joghurtbereiter mit sechs Gläsern, Wärmeplatte, Thermostat und Zeitschalter.
Einen Becher Joghurt heben wir als Starter für den nächsten Ansatz auf. Selbst gemachter Joghurt ist etwa eine Woche haltbar, spätestens dann muss neu angesetzt werden. Je länger Joghurt gelagert wird, desto stärker säuert er nach; die Bakterien werden im Kühlschrank nur gehemmt. Mit einem Ansatz kann man etwa 15- bis 30-mal einen Liter Joghurt machen. Mit der Zeit verwildern die Bakterien, der Joghurt wird schwächer. Zeit für eine Pause oder einen Neubeginn.

○ **Kefir:** Dieser Gesundheitstrunk aus dem Kaukasus wird von einem Pilz, der wie ein kleiner Blumenkohl aussieht, produziert. Der abgespülte Kefirpilz wird in ein Schraubglas getan. Dieses füllen wir bis etwa 3 cm unter den Rand mit lauwarmer Frischmilch, verschließen es und schütteln alles kräftig durch. Nach 24 Stunden gießen wir den Kefir durch ein Sieb und setzen den Pilz mit neuer Milch an. Frischer Kefir schmeckt leicht säuerlich und prickelnd.
Um an den Pilz zu kommen, hört man sich am besten einmal in seinem Bekanntenkreis um. Der Kefirpilz bedarf nur wenig Pflege. Einmal in der Woche wird er unter fließend Wasser gespült. Je öfter man ihn wäscht, desto milder schmeckt der Kefir. Der typische Geschmack entwickelt sich durch Umwandlung eines Teils der Milchzuckers in Alkohol (2 %). Wenn der Pilz sich wohlfühlt, wächst er und kann bald geteilt werden. Fehler sind kaum möglich. Hat man mal vergessen ihn umzubetten, zieht der Kefir schleimige Fäden. Den Pilz gründlich waschen und kranke Teile entfernen.

○ **Quark:** Aus der vollen Schafmilch erhält man einen leckeren Sahnequark, für Magerquark muss man einen großen Teil des Rahms vorher abschöpfen.
Für die einfachste Art Quark herzustellen, stellt man Rohmilch wie bei der Dickmilchbereitung zum Säuern auf und zwar so lange, bis sie fest geronnen ist. Um die Säuerung etwas zu beschleunigen, kann man Milch vom Vortag (sie ist schon saurer als die Frischmilch, ohne dass man es schmeckt oder riecht) oder einen Esslöffel Joghurt oder Dickmilch pro Liter als Starter hinzugeben.
Über der geronnenen Milch setzt sich eine Flüssigkeit ab – die Molke. Molke und Quark müssen nun voneinander getrennt werden. Dazu befestigen wir eine Mullwindel mit starken Wäscheklammern am Rand

eines Eimers und füllen den Quark vorsichtig mit einem Schaumlöffel ins Tuch. Die Molke muss langsam und frei ablaufen können; beim Auspressen würden wir die Quarkmasse durch das Tuch drücken. Der fertige Quark wird leicht gesalzen und kann mit Kräutern und Gewürzen wie Kuhquark beliebig zubereitet werden. Auch Käsekuchen und Quarkknödel gelingen mit Schafquark wunderbar.

Das Prinzip der Käsebereitung

Schafskäse ist heute eigentlich allen bekannt und bei vielen beliebt. Man isst ihn auf Brot oder im Salat. Unbekannter ist seine Verwendung in warmen Speisen wie Hackfleischgerichten, zu Zuckererbsen oder Grünkohl. Und für Überschüsse der Käseproduktion lassen sich immer ohne Schwierigkeiten Abnehmer finden.

Käsemachen ist gar nicht schwer, allerdings fällt er bei jedem etwas anders aus. Die Unterschiede sind bedingt durch die Beschaffenheit der Milch, durch Temperatur, Luftfeuchte und Keimgehalt der Käseküche und der Lagerräume. Jeder arbeitet unter anderen Bedingungen. Wir müssen also zunächst experimentieren und dürfen nicht gleich enttäuscht sein, wenn der Käse nicht sofort gelingt. Voraussetzungen für eine gleich bleibende Qualität sind Sauberkeit und Arbeiten unter konstanten Bedingungen.

Gesäuerte Milch wird unter Erwärmung mit Lab zum Gerinnen gebracht, die Käsemasse wird von der Molke getrennt und gepresst. Der Käse trocknet und reift. Eine unterschiedliche Ausführung der einzelnen Stufen führt zu völlig verschiedenen Käsearten.

Ein Wort zum Lab. Es ist ein Ferment im Labmagen säugender Lämmer und Kälber und bewirkt dort die Gerinnung der Milch. Gewonnen wird es durch Schlachtung.

Im Handel gibt es fast nur Kälberlab. Molkereien geben es nur ungern oder überhaupt nicht ab. Bioläden und Reformhäuser führen Labtabletten, die praktisch sind, wenn man selten Käse macht. Bei häufigem Gebrauch werden sie jedoch zu teuer. Im Spezialversand (siehe Anhang, Seite 176) gibt es Lab in Pulverform oder flüssiges, welches sich exakt mittels einer Pipette dosieren lässt. Beides ist empfehlenswert. Über solch einen Versand lässt sich auch vegetarisches Lab beziehen.

Eine Käseform ist sehr brauchbar. Sie ist in der Regel rund und muss zylindrisch sein, damit die Käsemasse gleichmäßig nachrutschen kann. Die Form wird mit kleinen Löchern versehen, damit die Molke gut ablaufen kann, die Käsemasse aber zurückgehalten wird (Abstand der Löcher 2 cm, Lochdurchmesser 1,5 bis 2,5 mm). Die Löcher werden von innen nach außen gearbeitet oder müssen von innen entgratet werden. Für kleine Käse lassen sich Joghurtbecher oder Ähnliches verwenden, für größere Laibe aus zehn Litern Milch nimmt man stabile Mayonnaiseeimer. Sie brauchen etwa einen Durchmesser und eine Höhe von je 20 cm. Der Kunststoff muss auf jeden Fall für Lebensmittel geeignet sein. Man kann sich Käseformen auch töpfern lassen, für große Laibe sind sie jedoch etwas unhandlich, da sie zu starr und schwer sind. Kunststoffkäseformen gibt es natürlich auch zu kaufen (Bezugsquellen siehe Anhang, Seite 176).

Zum Pressen benötigen wir zunächst einen Teller, der die Käsemasse nach unten drückt. Er muss genau in die Form passen. Für stärkeren Druck sägen wir aus sauberem Holz einen Passenden.

Leichten Druck erzeugt man durch ein auf den Pressteller gestelltes Gefäß, das mit Wasser oder Steinen gefüllt ist. Gewichte, wie sie zum Wiegen benutzt werden, sind ebenfalls geeignet. Für mehr Druck habe ich eine alte Mostpresse umgebaut (Schraubpresse). Man kann sich auch ohne großen Aufwand eine Gewichthebelpresse konstruieren. Der Pressdruck muss in jedem Fall verstellbar sein.

O Hausgemachter Frischkäse I

Bei der nun folgenden Beschreibung handelt es sich um ein Grundrezept der Käsebereitung, das leicht abgewandelt für verschiedene Käsesorten benutzt werden kann. Es ist ein bewährtes Rezept für zehn Liter Schafmilch. Man erhält einen relativ trocknen, schnittfesten Laib (etwa zwei Kilo schwer), der frisch gegessen oder auch einige Wochen gelagert werden kann. Für geringere Milchmengen ist das Rezept II (siehe Seite 139) besser geeignet.

Los geht's. Wir sammeln die sauber gewonnene Rohmilch von einem Morgen- , einem Abend- und wiederum einem Morgengemelk. Die beiden ersten Mengen werden jeweils separat aufbewahrt, kühl, nicht zu kalt und geruchsfrei. Die erste Milch hat jetzt nach 24 bis 26 Stunden einen leichten Säuerungsgrad, der für diesen Käse willkommen ist. Wir kippen die drei Gemelke in einen großen Topf und erwärmen sie auf etwa 30 °C (Fingerprobe oder Thermometer).

In eine Tasse geben wir einen Schluck lauwarmes Wasser, träufeln sieben bis zehn Tropfen Lab hinein und rühren um. Pulverlab ist schwieriger zu dosieren, eine knappe halbe Messerspitze voll mag genügen. Die Labmengen für Schafskäse sind um gut die Hälfte geringer als für Kuhkäse, weil Schafmilch dicker ist und viel besser gerinnt.

Nun wird die Milch vom Feuer genommen und das verdünnte Lab mit dem Schneebesen untergeschlagen. Beim Rühren im Kreis kommt die

Milch nicht schnell genug zum Stillstand, was den Gerinnungsprozess stört. Der zugedeckte Topf wird jetzt warm gestellt, damit sich die Temperatur hält (neben dem Herd oder Ofen).

Wenn die Labmenge nicht zu groß war und die Temperatur nicht zu hoch, stockt die Milch nach vier Stunden. Sie wird erst dickflüssig, dann geleeartig und schließlich so fest, dass sie über dem Finger bricht, wenn wir ihn durch die Masse ziehen. Sowie sich etwas Molke abzusetzen beginnt, wird der so genannte Bruch hergestellt. Mit einem langen Messer schneiden wir vorsichtig die Masse zunächst gitterförmig, dann – so gut es geht – quer in zwei Kubikzentimeter große Würfel. Erreicht werden soll ein möglichst gleichmäßiges Absetzen der Molke.

Nach weiteren drei Stunden (nun am frühen Nachmittag) haben die Würfel sich zusammengezogen, ein ordentlicher Teil Molke hat sich deutlich sichtbar getrennt. Der Bruch darf nicht zu hart sein, sonst verbinden sich nachher die Würfel nicht richtig zum Laib; der Käse wird löchrig und bröckelig. Er darf aber auch nicht zu weich sein, sonst wird er aus den Löchern der Form herausgedrückt. Für den richtigen Zeitpunkt des Bruchschneidens und Abfüllens müssen wir ein Gefühl entwickeln und Erfahrungen sammeln. Die Zeitpunkte sind abhängig von der Labmenge, der Gerinnungszeit und -temperatur.

Weist der Bruch die richtige Konsistenz auf, füllen wir ihn vorsichtig mit einem Schaumlöffel in die Käseform. Die Form steht am besten auf zwei Hölzern über einer großen Schüssel, in der die abfließende Molke aufgefangen wird. Zunächst legen wir nur den Pressteller auf. Im Laufe der nächsten Stunden sackt die Käsemasse zusammen. Am Abend beschweren wir den Teller mit einem Gewicht (etwa zwei bis drei Kilo).

Am nächsten Morgen wird der Käse vorsichtig aus der Form genommen, gewendet, wieder hineingelegt und etwas stärker gepresst (über fünf Kilo). Er müsste bereits so fest sein, dass er seine Form behält. Das Wenden ist notwendig, damit die Feuchtigkeit im Laib gleich verteilt bleibt und er nicht an der Oberseite trockener wird. Am Abend wendet man ihn noch einmal und presst ihn danach wiederum stärker oder, wenn er fest und trocken genug erscheint, salzen wir ihn.

Ringsum, auch an den Rändern, wird er kräftig und gleichmäßig mit Salz bestreut. Danach legen wir ihn gewendet auf ein Abtropfbrett. Das ist ein schräg gestelltes Holzbrett, auf dem noch mehr Molke ablaufen kann. Es besteht kaum Gefahr, dass der Käse versalzen wird. Das Salz entzieht dem Laib weitere Molke und überschüssiges Salz wird dabei abgespült. Der Käse bleibt ein bis zwei Tage auf dem Abtropfbrett und wird regelmäßig morgens und abends gewendet.

Die Reifung ist vielleicht der schwierigste Teil der Käseherstellung. Käse braucht in dieser Zeit eine sehr hohe Luftfeuchtigkeit (etwa 90 Prozent), damit er nicht austrocknet. Die Temperatur sollte möglichst konstant sein und zwischen 10 und 16 °C liegen. Ein feuchter Keller ist ideal, er darf nur nicht muffig riechen, sondern muss gut belüftet sein.

Unseren Käse können wir nach wenigen Tagen als Frischkäse genießen oder, wenn er relativ fest, nicht zu dünn und ohne Lufteinschlüsse gelungen ist, länger reifen lassen. Dabei wird er weiterhin täglich gewendet und auf Schimmelbildung kontrolliert.

Nicht jeder Schimmel muss sofort entfernt werden, die Bildung von Edelschimmel (weiß, blau) ist manchmal sogar erwünscht. Unerwünschte Schimmelpilze (schwarz, grau, grün, gelb, rot) werden einfach abgewaschen, abgekratzt oder zur Not ausgeschnitten. Das Myzel bleibt bei Käse in der Oberfläche, es besteht keine Gefahr der Vergiftung.

Dieser Hauskäse ist für den Anfänger besonders einfach, weil die einzelnen Prozesse langsam ablaufen, geringe Abweichungen nicht so schwer ins Gewicht fallen und man Fehler sowie die häuslichen Gegebenheiten leicht kennen lernt, der Käse aber trotzdem ausgezeichnet schmeckt. Es ist ein Rezept, das man später »über den Daumen« anwenden kann, im Gegensatz zu anderen, wo Zeiten und Temperaturen strikt eingehalten werden müssen.

Ganz wichtig ist noch, dass Milch, Bruch und Käse jederzeit davor bewahrt werden müssen, dass Fliegen ihre Eier ablegen können. Wenn Gefahr besteht, deckt man über die Käseform beim Abtropfen und Pressen ein großes Tuch. Das Abtropfbrett und der Reifeort müssen ebenfalls fliegensicher sein, z. B. in einem Fliegenschrank.

Salzlose **Molke** ist ein gesundes Getränk, das leicht abführende Wirkung besitzt. Man kann es mit Honig süßen. Molke ist aber auch wertvolles Futter für Schweine und Federvieh. Enthält sie Salz, sollte sie fortgekippt werden.

Variationen:

❍ Wenn der Bruch vor dem Abfüllen relativ fest erscheint, mischen wir beim Einfüllen zwei bis drei Esslöffel **Kümmel** unter. Eventuell zerkleinern wir den Bruch noch etwas in der Form vorsichtig mit dem Schaumlöffel. Kann wenige Tage nach dem Abtropfen gegessen werden.

❍ **Grüner Pfeffer** verleiht Schafskäse ein feines, säuerlich erfrischendes Aroma. Die Pfefferbeeren gibt es in Lake eingelegt zu kaufen; zwei bis drei Esslöffel davon werden gründlich gewaschen und unter einen normalen Bruch beim Einfüllen in die Form gemischt. Kurze Reifezeit nach dem Abtropfen. Getrocknete Pfefferbeeren geben weniger feines Aroma ab und rings um die Beeren wird der Käse sehr scharf.

- ❍ Ähnlich wie mit den Pfefferbeeren können auch frische oder getrocknete **Kräuter** untergemischt werden. Wird als Frischkäse gegessen.

- ❍ Wir können den Käse, wenn er vom Abtropfbrett kommt, mit **Blauschimmel** impfen. Wir kaufen dazu einen beliebigen Schimmelkäse mit möglichst starkem Besatz, wälzen einen hölzernen Zahnstocher im Blauschimmel und stechen ihn mehrfach in unseren Käselaib. Dieser muss nun kühl reifen.

- ❍ Vertrocknete, hart gewordene **Käsereste** lassen wir, sofern sie nicht immer wieder zu schimmeln beginnen, völlig austrocknen. Schafskäse erhält dann einen parmesanähnlichen Geschmack, fein gerieben wird er auch wie dieser verwandt.

❍ Hausgemachter Frischkäse II

Mit diesem Rezept erhalten wir einen weicheren, sahnigen, quarkähnlichen Frischkäse, der besser gelingt, wenn er in kleineren Gefäßen oder in kleineren Portionen in Mullwindeln ablaufen kann. Im Prinzip gehen wir so vor wie in Rezept I beschrieben, nur nehmen wir auf fünf Liter Milch drei Tropfen Lab. Der Bruch wird früher abgefüllt, d. h. wenn er noch etwas weicher ist, und wir rühren dabei vorsichtig acht bis zehn Gramm Salz unter. Eine Mullwindelkonstruktion wie sie im Quarkrezept erklärt wurde, hält die relativ flüssige Käsemasse effektiver zurück als die Käseform. Wenn keine Molke mehr sichtbar austritt, drehen wir die Windelenden zusammen und pressen dadurch den Käse leicht. Wirkt er am nächsten Tag noch zu feucht, legen wir den zusammengedrehten Käseball in ein Sieb und pressen mit Brett und Steinen. Dieser Frischkäse wird sofort nach dem Pressen verzehrt.

Variationen:

- ❍ Gleichzeitig mit dem Salz können frische oder getrocknete **Kräuter, Gewürze oder Knoblauch** untergerührt werden.
- ❍ Rühren wir 1 Esslöffel **Joghurt** unter die Rohmilch, schmeckt der Frischkäse säuerlicher.

Die Herstellung von **Hartkäse** ist nicht einfach und außerdem benötigt man dazu eine etwas professionellere Ausrüstung. Wer sich dafür interessiert, kann sich entsprechende Literatur besorgen. Dabei ist nur zu beachten, dass die Labangaben auf Kuhmilch berechnet sind, sie müssen auf mindestens die Hälfte reduziert werden.

Mögliche Fehler bei der Käsebereitung:

❍ Die Milch stockt nicht – Säuerungsgrad, Temperatur oder Labmenge zu gering. Vorsichtig nachwärmen oder nachlaben.

❍ Die Milch stockt früher – macht nichts, rechtzeitig schneiden! Säuerungsgrad, Temperatur oder Labmenge zu hoch.

❍ Der Bruch zieht sich nach dem Schneiden nicht zusammen, es tritt zu wenig Molke aus – der Topf stand zu kalt. Der Bruch wird nachgewärmt: Vorsichtig wird bis zu einem Drittel der Molke abgeschöpft und die gleiche Menge warmes Wasser nachgefüllt und behutsam umgerührt (max. 50 °C). Der Käse wird dadurch meist fester.

❍ Der Bruch ist körnig, griesig und nicht elastisch, geleeartig – der Säuregrad der Milch war zu hoch. Das Produkt ist Quark.

❍ Der Bruch ist zu fest – Temperatur oder Labmenge zu hoch, zu spät abgefüllt. Der Bruch wird noch feiner geschnitten, eventuell langsam mit dem Schneebesen zerkleinert. Der Käse muss stärker gepresst werden, er wird dadurch trockner und fester. Bei glatter Oberfläche können wir ihn lange reifen lassen.

❍ Die Molke läuft in der Form nur schwer ab, die Käsemasse sinkt nicht zusammen – Form steht zu kalt, nächstes Mal bei Zimmertemperatur ablaufen lassen. Zur Not durch freihängende Windel laufen lassen.

❍ Der Bruch ist zu weich, er drückt sich durch die Löcher der Käseform – Bruch hätte nachgewärmt werden müssen. In freihängende Windel umfüllen und abtropfen lassen.

❍ Der Käse schmeckt und schneidet sich gummiartig – zu viel Lab, zu wenig gesalzen. Länger reifen lassen.

- Der Käselaib bläht auf, der Käse schmeckt unangenehm – die Milch war unrein, falsche Bakterien haben überhand genommen und Gärungsprozesse bewirkt. Schade. Milch keinesfalls länger als zwei Tage sammeln.

- Der Käse ist trocken und scharf – zu stark gesalzen; der Geschmack kann auch Folge von Silagefütterung sein.

- Die Käseoberfläche schrumpelt an einigen Stellen, dort beginnt er »zu laufen« – ungleichmäßig und zu wenig gesalzen.

- Zweifel an der Labwirkung – Lab ist dunkel, kühl und trocken aufbewahrt weit länger als ein Jahr haltbar. Großen Temperaturschwankungen sollte es nicht häufig ausgesetzt werden. Die Stärke der Labwirkung steigt bis 41 °C an, darüber nimmt sie stark ab. Bei 60 °C wird Lab unwirksam. Zum Käsen wird maximal auf 35 °C erwärmt, ab dieser Temperatur besteht die Gefahr, dass wir unerwünschte Bakterien heranbrüten. Wir gehen sicher, wenn wir im Bereich um 30 °C bleiben.

O Lagerung und Haltbarmachung

Auf die Lagerung von Käselaiben ist zum Teil schon auf Seite 138 eingegangen worden. Haben wir einen schönen, dicken Laib mit geschlossener Oberfläche, waschen wir diesen nach etwa zweieinhalb Wochen gut sauber; aller Schimmel muss gründlich entfernt werden. Dann reiben wir ihn mit Pflanzenöl ein, was die Rindenbildung fördert und den Käse vor Austrocknung schützt. Den Vorgang wiederholen wir alle paar Tage, bis wir den Eindruck haben, es hat sich eine gute Rinde gebildet. Nun können wir den Laib über mehrere Monate lagern.

Der Kühlschrank ist nicht zur Aufbewahrung von Schafskäse über einen längeren Zeitraum geeignet. Dem Käse wird zu viel Feuchtigkeit entzogen und in dem kleinen, luftaustauscharmen Raum nimmt er leicht einen unangenehmen Geschmack an. Bei sehr feuchten Käsen können allerdings einige Tage im Kühlschrank viel zur Trocknung beitragen.

Feste, relativ trockene Käse eignen sich auch gut zum Einlegen in 20%ige Salzlake (200 g Salz auf 1 l Wasser). Das ist die traditionelle Art der Konservierung für Schafskäse in den südlichen Ländern. Der Käse muss immer mit Lake bedeckt sein, dann hält er sich über viele Monate frisch. Mehrere können auch in einem großen Gefäß gestapelt werden. Vor dem Verzehr wird er ausgiebig gewässert, um den starken Salzgeschmack zu mildern.

Das Einlegen in Öl kommt zwar sehr viel teurer, besonders wenn man das feine Olivenöl verwendet, doch ist ein großes Glas mit kleinen, runden Schafskäsebällchen, Kräutern und Silberzwiebeln ausgesprochen dekorativ. Hierfür eignet sich auch der weichere Frischkäse. Die Bällchen werden herausgefischt und mit dem Ölrest zusammen verspeist. Das Öl muss alle zwei Monate erneuert werden.

Eine billigere Konservierungsmethode mit Öl, die allerdings nur für weichen Frischkäse geeignet ist, geht folgendermaßen: Der Käse wird gleich nach dem Pressen mit einem Löffel in Schraubgläser (vorzugsweise die geraden Honiggläser) gedrückt, man kann dazwischen auch Lagen mit Kräutern, Wacholderbeeren, feinen Zwiebel- und Knoblauchringen legen. Das Glas wird bis zwei Zentimeter unter den Rand gefüllt, der Käse wird gut gepresst, sodass möglichst wenig Hohlräume entstehen. Obenauf kann man auch noch einmal Kräuter usw. legen. Man füllt dann so viel Olivenöl auf, dass die Oberfläche großzügig bedeckt ist (gut einen Zentimeter). Auf diese Weise hält sich Frischkäse über Monate im Kühlschrank und schmeckt auch noch nach einem Jahr köstlich, vorausgesetzt, der Käse enthielt zu Beginn nicht zu viel Molke.

Tiefgefrieren entzieht dem Käse viel Feuchtigkeit und ist deshalb nur mit Vorbehalten für »nasse« Käse geeignet; trockene zerbröseln nach dem Auftauen und sind nur noch zum Kochen zu verwenden.

Verkauf lebender Tiere

Manche Anfänger machen sich keine Gedanken darüber und stehen dann auf einmal kopflos und mit unguten Gefühlen da: Die Herde verdoppelt sich jährlich (mindestens) und irgendwann ist die Grenze der Betriebsgröße erreicht. Wir sind also gezwungen, früher oder später Tiere zu verkaufen. Das ist ein sehr positiver Aspekt, denn man rechnet, dass ein Lamm die Jahresfutterkosten seiner Mutter ungefähr deckt, artgerechte Haltung vorausgesetzt. Eigene Heuwerbung und eigener Futteranbau verbessern dieses günstige Verhältnis noch.

Zwei Kategorien Tiere stehen zum Verkauf, die, die gute Anlagen und Merkmale zur Weiterzucht besitzen, und die, wo dies nicht der Fall ist. Der Verkaufspreis von Schafen der ersten Gruppe sollte etwas über dem aktuellen Schlachtpreis liegen. Herdbuchtiere, besonders prämierte, erzielen natürlich wesentlich bessere Preise. Anbieten kann man die Tiere in lokalen Zeitungen oder in der Zeitung »Deutsche Schafzucht« (siehe Anhang, Seite 176), dort findet man auch Termine von Schafauktionen. Außerdem gibt es im Internet gute Kleinanzeigenmärkte; besonders sei hier die Seite der Landesschafzuchtverbände www.schafe-sind-toll.de erwähnt.

Manchmal wird der Verkauf oder die Vermittlung vom Schafzuchtverband organisiert.

Schlachttiere kann man ebenfalls in Zeitungen annoncieren, ansonsten wendet man sich direkt an Großschlächtereien, örtliche Metzger oder den zuständigen Schlachthof. Die Abholung der Schafe muss jeweils abgesprochen werden. Der Preis richtet sich nach dem aktuellen Schlachtpreis für lebende Tiere. Vielleicht findet man auch unter den moslemischen Mitbürgern regelmäßige Abnehmer, doch darf man sich nicht zu weit herunterhandeln lassen.

Fleisch

Das Schlachtenlassen ist für viele Schafhalter emotional einfacher, als das Schlachten selbst vorzunehmen. Das trifft aber nicht für die Schafe zu, denn für sie bedeutet ein Schlachthof Panik, Angst und Stress, was wir den Tieren in der artgerechten Haltung eigentlich ersparen wollen. Wer Tiere hält und Fleisch isst, sollte konsequent sein und selbst schlachten, anstatt sein Fleisch vom Schlachter zu beziehen. Den Tieren bleibt der Schlachthof erspart, und man weiß, was man isst, denn man weiß, was die Schafe gefressen und wo sie geweidet haben. Das Fleisch enthält meist weniger Fett und Wasser und ist frei von Farbstoffen, Hormonen sowie Rückständen von Medikamenten und Beruhigungsmitteln. Es ist in der Regel zarter, weil für die Tiere Stress und Angst – die eigentliche Quälerei – vor dem Schlachten wegfallen.

Die Hauptschlachtsaison ist Herbst/Anfang Winter, wenn die Wiese zu knapp für alle wird. Lämmer sind dann zwischen sechs und zehn Monate alt. Das Fleisch von Tieren bis zum Alter von sechs Monaten wird Milchlammfleisch genannt, bis zwölf Monate heißt es Mastlammfleisch. Hammelfleisch ist das Fleisch von kastrierten Böcken und lämmerlosen Schafen bis zum Alter von zwei Jahren. Der Hauptunterschied zwischen Lamm- und Hammelfleisch besteht in der Fettmenge sowie in der Zusammensetzung des Fettes. Lammfett enthält sehr viel mehr ungesättigte Fettsäuren als Hammelfett und wird deshalb auch bei niedrigen Temperaturen nicht so schnell fest.

Die Beschaffenheit des Fettes, nicht die des Fleischs, ist verantwortlich für das verbreitete Vorurteil gegen Schaffleisch, das noch aus einer Zeit stammt, als in Deutschland fast ausschließlich Hammel und kein Lamm verzehrt wurde. Im Vergleich mit Rind und Schwein ist mageres Schaffleisch und Lamm aber leicht verdaulich, weshalb es sogar in der Diätküche Verwendung findet.

Ein ganz wichtiger Punkt, wenn wir selber schlachten wollen, ist, dass wir von vornherein keine emotionale Beziehung zu den Lämmern aufbauen, d. h. ihnen auch keine Namen geben.

Fällt mehr Fleisch an, als für den Eigenbedarf benötigt wird, sollte man eigentlich ohne Schwierigkeiten andere ernährungsbewusste Menschen finden, die sich freuen, gesundes Fleisch kaufen zu können. Bei größeren Mengen kann man sich unter alternativen Gruppen und Kooperativen in den Städten umhören.

Schlachten

Insbesondere zu den ersten Schlachtterminen ist es von Vorteil, wenn man sich einen Hausschlachter holt. Er hat die nötigen Werkzeuge, die Erfahrung und Routine. Es dauert keine Stunde, und das Tier hängt sauber gehäutet und ausgenommen am Haken. Wir assistieren ihm, lernen die Schnitte richtig anzusetzen und wissen bald, worauf es ankommt. In ländlichen Gegenden wird es kein Problem sein, einen Hausschlachter zu finden. Für Schlachten, Häuten und Ausnehmen berechnet er pro Tier etwa 25 Euro.

Kurz vor dem Schlachttermin informieren wir unseren Tierarzt, damit er die Fleischbeschau durchführen kann. Per Gesetz unterliegen alle Tiere über drei Monaten und auch jüngere Lämmer, deren Fleisch verkauft werden soll, solch einer Beschau. Pro Tier werden dabei Gebühren erhoben.

Geschlachtet wird meist morgens, wenn die Tiere noch nicht viel gefressen haben. Ich komme mir jedes Mal wieder wie ein Verräter vor, wenn ich sie aus dem Stall führe. Je weniger sie nun beunruhigt werden, desto besser für das Tier und das Fleisch. Am besten reicht man ihnen eine Haferschüssel, derweil der Schlachter das Bolzenschussgerät ansetzt und sie in den Schafhimmel befördert. Der Bolzen durchschlägt den Schädelknochen hinter der dicken Stirnplatte, trifft ins Hirn, das Tier bricht augenblicklich zusammen und ist betäubt.

In einigen südlichen Ländern werden die Tiere aus religiösen Gründen geschächtet (Schlachten durch blitzschnelles Aufschneiden der Halsschlagader mit einem sehr scharfen Messer). In Deutschland bleibt diese Art des Schlachtens weiterhin umstritten und ist nur nach Erteilung einer Sondergenehmigung erlaubt, denn sie erfolgt ohne Betäubung und die Qual für das Tier wird groß, wenn etwas schiefgeht.

Das Tier liegt also betäubt auf dem Boden und nun müssen wir schnell handeln. Wir legen es auf einen Tisch oder hängen es an den Hinterbeinen an einer Leiter oder einem Balken auf. Mit zwei Schnitten wird die Halsschlagader geöffnet, es muss ordentlich ausbluten (Eimer dafür bereithalten). Die Beine halten wir kräftig fest, denn die Reflexe arbeiten noch, es würde sonst mächtig strampeln. Langsam werden die Bewegung schwächer.

Nun wird vom Kinn bis zum Schwanz um den After herum vorsichtig die Bauchhaut aufgeschnitten. Euter bzw. Hoden werden entfernt, weitere Schnitte führen innen die Beine entlang. Das Problem bei Schafen ist, dass möglichst keine Wolle auf das Fleisch kommen soll. Die Wollhaare sind außerordentlich schwer zu entfernen und das Wollfett-Wollschweiß-Gemisch beeinträchtigt den Geschmack. Deshalb führen wir das Messer von innen nach außen, d. h., die Klinge ist quasi unter der Haut, die Messerschneide zeigt uns entgegen.

Das Häuten muss sehr behutsam vorgenommen werden, wenn auf das Fell Wert gelegt wird. Die Haut ist relativ dünn und bereits ein fast unmerkliches Anritzen kann später eine Schwachstelle im Leder sein oder beim Gerben reißen. Am besten benutzt man das Messer so selten wie möglich. Außerdem sollte es zum Häuten nicht zu scharf sein und wir führen es besser gegen das Fleisch als gegen die Haut.

An Beinen, Bauch, Becken, Brust und Hals sitzt die Haut fest und wird mit dem Messer abgetrennt. An den übrigen Körperteilen kann sie mit der Faust stumpf abgezogen werden (mit der Faust schlägt/drückt man zwischen gespannte Haut und Fleisch). Das abgezogene Fell werfen wir gleich in eine Wanne mit Wasser, damit vorhandenes Blut nicht erst antrocknet. Anschließend waschen wir das Wollfett gründlich von den Händen.

Jetzt werden Kopf und Unterfüße abgetrennt, was beim richtigen Schnitt durch die Sehnen der betreffenden Gelenke recht einfach geht. Nun wird die Bauchdecke von innen nach außen aufgetrennt, das Schambein durchstoßen und die Eingeweide gelöst. Organe wie Herz, Lunge, Leber (Vorsicht, die Gallenblase darf nicht platzen!), Milz und Nieren werden für die Beschau extra gehalten. Herz, Leber und Nieren werden wir verwenden und wässern sie deshalb, die restlichen Gedärme und Innereien lassen wir in eine Schubkarre fallen. Der Schlachtkörper ist nun soweit fertig. Wir spritzen ihn, wenn nötig, mit dem Gartenschlauch ab und lassen gleich die Rippen mit der Stoßsäge abtrennen. Zuletzt wird der gereinigte Schlachtkörper in einen kühlen, fliegenfreien Raum gehängt.

Werden mehrere Tiere geschlachtet, so sollten wir sehen, dass die folgenden das Blut ihrer Stallgefährten nicht riechen können. Das regt sie zu sehr auf und das Fleisch ist nachher zäher. Organe und Schlachtkörper dürfen wir für die Beschau nicht durcheinanderbringen.

Den Pansen schneiden wir auf, entleeren und spülen ihn, darüber freut sich der Hund. Weitere Innereien, besonders die dünne Haut, die die Eingeweide umgeben hat, und auch den Kopf dürfen wir nicht dem Hund geben. Dort können sich Finnen vom Hundebandwurm befinden, welche aber für das Schaf keine Bedeutung haben. Nicht zu verwertende Teile graben wir tief ein. Handelt es sich um die Schlachtabfälle mehrerer Tiere, setzen wir uns rechtzeitig mit der Tierkörperbeseitigungsanstalt in Verbindung.

Nach der Beschau können wir frische Leber essen und mit dem Wursten beginnen. Den Schlachtkörper lassen wir langsam auskühlen und je nach Temperatur zwei bis sieben Tage abhängen. Dadurch reift das Fleisch, es laufen chemische Prozesse ab, u. a. durch Milchsäurebakterien hervorgerufen, die es zart und leichter verdaulich machen. Diese einfache Qualitätsverbesserung sollte man in jedem Fall durchführen, denn sie lohnt sich.

Wursten

Von unserem Hausschlachter Heinz haben wir ein wunderbares Wurstrezept gelernt, das ich unbedingt weitergeben möchte. Es ist die praktischste Art, zweitrangiges Fleisch zu verarbeiten. Zugaben von Schweinefleisch sind nicht nötig. Die fertige Wurst wird tiefgefroren oder in Gläsern eingekocht. Wir essen sie auf Brot oder als Fleischbeilage, verwenden sie wie Gehacktes zu Fleischsaucen oder für Kohlrouladen. Ihr Geschmack hängt natürlich von unseren Würzkünsten ab.

Zum Wursten werden die Rippenpartien, Bauchlappen, etwas Fett, Herz, Nieren und was wir sonst noch abschneiden wollen, in einen großen, unbeschädigten Wecktopf mit Wasser bedeckt gar gekocht, bis sich die Knochen gut lösen lassen. In der Zwischenzeit schälen wir reichlich Zwiebeln.

Das noch warme, entbeinte Fleisch wird mit den Zwiebeln durch den Fleischwolf gedreht, ab und zu lassen wir eine Kelle Brühe mit durchlaufen. Alles kann mit dazu, auch Sehnen und Knorpel. Den fertigen Fleischbrei würzen wir mit Salz, schwarzem Pfeffer, Muskat, Piment und Nelkenpulver. Man braucht davon reichliche Mengen, ab 10 kg Fleischmasse geht das Würzen händeweise. Pfeffer und Nelkenpulver geben wir etwas zaghafter zu, sie ziehen später noch durch. Ein paar Kellen Brühe (von oben = fetthaltig) machen die Masse geschmeidig, fast flüssig. Mit den Händen gut vermengen und mit einem Tuch bedeckt kühl stellen.

Am nächsten Morgen ist das Fett erstarrt, die Wurst fest. Wir schneiden sie in Portionen und frieren sie ein. Die verbliebene Brühe kann ebenfalls eingefroren oder eingekocht werden.

Die Dünnung und andere knochenlose Fleischpartien können auch – allerdings ohne Sehnen und Knorpel – roh durch den Fleischwolf gedreht und mit aufgeweichten Semmeln, Ei, Salz, Pfeffer und fein gehackten Zwiebeln zu Bouletten (Frikadellen, Bratlingen) verarbeitet werden. Hackfleisch ist zum sofortigen Verzehr bestimmt, eventuell kann man die fertigen Gerichte konservieren.

Natürlich kann man aus Schaffleisch auch herkömmliche Würste herstellen, z. B. nach Salamiart und leicht geräuchert. Knoblauch, Majoran oder Thymian sind gut passende Gewürze. Da Schaffleisch sehr trocken ist, wird meist bis zu einem Drittel fettes Schweinefleisch dazugegeben. Wer darauf verzichtet, hat eine ausgesprochen harte, aber schmackhafte Wurst. Man schneidet hauchdünne Scheiben ab – eine echte Dauerwurst.

Geräucherte Lammkeule ist delikat! Es eignen sich die Keulen von großen Lämmern, Pökel- und Rauchzeiten sind etwa halb so lang wie bei Schweineschinken. Man sollte mindestens zwei machen, der mürbe, zarte, fettarme Schinken schmeckt so hervorragend, dass eine Keule im Nu verschwunden ist.

Zerlegen

Nach dem Abhängen wird der Schlachtkörper zerlegt. Schaut man dem Schlachter dabei zu, sieht alles ganz einfach aus. Doch gehört zum fachgerechten Zerlegen einige Übung und Erfahrung, um die richtigen Stellen an den Gelenken zu treffen, ohne zu viele Muskelfasern zu zerschneiden.

Der Schlachtkörper wird normalerweise in die Partien zerteilt, wie sie auf der Abbildung auf der folgenden Seite angegeben sind. Bei einem kleinen Tier belässt man es meist dabei, bei größeren Stücken entscheidet die geplante Verwendung in der Küche. Generell versuche ich möglichst wenig die Säge oder das Beil zu benutzen, ich versuche mich weitgehend an die Richtlinien zu halten, die wegen BSE bei Rindern Anwendung finden, um auszuschließen, dass Erreger wie Scrapie das Fleisch kontaminieren können. Dies ist vielleicht eine übertriebene Vorsichtsmaßnahme meinerseits: Scrapie ist bei uns noch selten, es ist sehr unwahrscheinlich, dass unsere Tiere die Erreger in sich tragen. Ferner: Es gibt die Krankheit bei Schafen seit über 200 Jahren und bis heute sind noch keine Fälle bekannt, wo sie auf den Menschen übertragen wurde. Dennoch, Vorsicht ist die Mutter der Porzellankiste, die Forschungen sind schwierig und bei weitem noch nicht abgeschlossen. Also werden möglichst keine Knochen, besonders nicht die Wirbelsäule, zersägt, sondern wir lösen alles Fleisch vom Knochen und schneiden daraus Filets, Schnitzel, Bratenstücke, Gu-

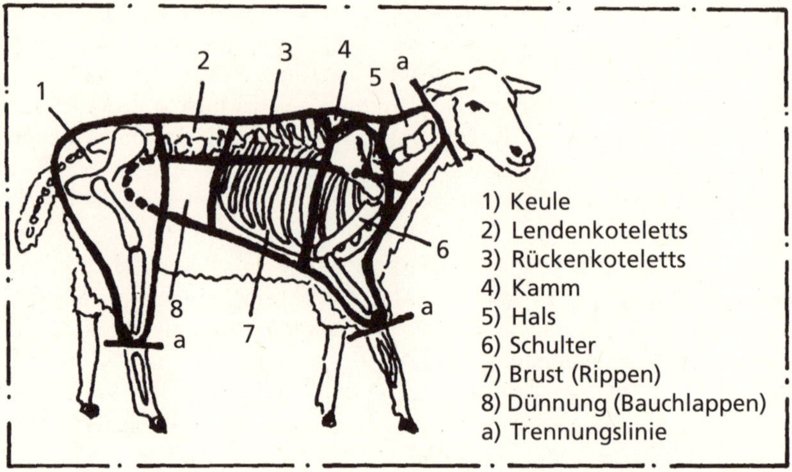

lasch oder wie immer wir es wollen. Minderwertiges Fleisch findet in Eintopfgerichten Verwendung. Schockgefroren und langsam aufgetaut, schmeckt das Fleisch wie frisch.

Lammfleisch nimmt man zum Kochen, Schmoren, Braten, für Ragout oder Eintopf; im Römertopf bleibt der Braten wunderbar saftig. Das Fleisch kann vorher mariniert oder mit Speck und Knoblauch gespickt werden. Passende Gewürze sind Salbei, Thymian, Rosmarin und Majoran, für die Sauce eignen sich Rotwein und ein Hauch frisch gehackte Pfefferminzblätter. Im Allgemeinen kann man Rezepte für Wildbret mit Schaf kochen, weil die Fleischqualität sehr ähnlich ist. Wichtig ist, die Gerichte heiß und auf vorgewärmten Tellern zu servieren, dann braucht man sich um das Festwerden des Fettes nicht zu sorgen.

Das Fell

Die weichen, kuscheligen, immer warmen Schaffelle erfreuen sich seit jeher großer Beliebtheit. Sie sind begehrt, ob geschenkt oder gekauft. Härter gegerbte machen sich dekorativ als Bettvorleger, Wandbehang oder Auflage für Sessel, Sofa und Schaukelstuhl. Wir können aus ihnen auch Fußsäcke, Kinderwagensäcke oder Autositzbezüge nähen. Weiche Felle können zu Mänteln, Jacken, Hausschuhen, Handschuhen oder Mützen verarbeitet werden. Hierbei kommt uns die wärmende Wirkung der Wolle und die Windundurchlässigkeit des Leders zugute.

Die vollen gesundheitlichen Vorzüge des Schaffells kommen jedoch nur bei der schonenden Alaungerbung uneingeschränkt zur Geltung. Solch ein Fell im Bett ist entspannend und lindert Rückenschmerzen. Es macht Wärmflasche oder gar elektrische Heizkissen überflüssig, so ein Bett wird nicht warm, es ist warm. Kurzwollige Lammfelle sind gute Schlaf- und Beruhigungshilfen bei neugeborenen Babys. Bei naturbelassenen Fellen besitzt die Wolle noch ihre Selbstreinigungskraft, hygienische Bedenken erübrigen sich.

Bei wenigen Tieren fällt die Entscheidung nicht schwer, was mit den Fellen geschehen soll. Anders sieht es bei einer großen Anzahl Schlachttieren aus, zum Wegwerfen sind die Felle wirklich zu schade. Da bieten sich drei Möglichkeiten an:

- Die eingesalzenen Felle verkaufen: Man bekommt etwas Geld, hat keine Arbeit damit, aber auch keine Felle.
- Die eingesalzenen Felle gerben lassen: Das kostet immerhin noch gut die Hälfte vom normalen Kaufpreis eines im Handel käuflichen Felles und man spart die Arbeit des Gerbens.
- Selbst gerben: Man spart viel Geld und erhält dazu Felle mit allen natürlichen Eigenschaften, hat allerdings auch einige Arbeit damit. Für außergewöhnliche Felle ist dies aber auf jeden Fall zu empfehlen, es lohnt sich ganz bestimmt!

Wer auf seine Felle Wert legt, sollte sich rechtzeitig Gedanken über Sauberkeit und Wolllänge machen. Frisch geschorene Felle sehen fransig aus, langes Haar ist nicht immer geeignet. Später kann man sie nicht mehr vernünftig schneiden. Die Gerbung kann Bockgeruch nicht nehmen, große Mengen Kot und Urin hinterlassen gelbe Verfärbungen. Wichtig: Die Fellinnenseite muss gleichmäßig und reichlich eingesalzen werden, sonst ist das Fell eventuell haarlässig, d. h., später fallen die Haare aus.

Gerben lassen

Die Felle werden nach dem Schlachten nicht in Wasser gelegt, sondern mit der Innenseite nach oben zum Abkühlen ausgebreitet (auf Hunde und Katzen achten!) und anschließend mit normalem Salz gut eingesalzen. Das Salz entzieht Flüssigkeit, die ablaufen muss. Öfter nachsalzen, bis es trocken genug erscheint, um es per Post zu verschicken. Vorher wird es nochmals gesalzen, eingerollt und verpackt. Der Gerberei teilen wir mit, ob wir es als Fell oder Leder wünschen. Zur Gerbung werden nach unserem Wissen in der Regel harte Chemikalien eingesetzt. Das Endprodukt ist allerdings sehr fein und weich.

Auf einen Umstand möchte ich noch aufmerksam machen: Uns ist einmal ein wunderschönes braunes Fell mit brauner Haut von einem Tier, an dem wir sehr gehangen haben, wegen angeblicher Haarlässigkeit nicht zurückgeschickt worden. Nach langem Hin und Her hat uns die Gerberei Ersatz zugestanden, das Fell konnte sich jedoch in keinster Weise mit dem Verlorenen messen. Hellhörig wurden wir, als wir von mehreren anderen Schafhaltern Ähnliches vernahmen und immer waren es Felle mit außergewöhnlicher Färbung, Zeichnung, Wollfeinheit oder Größe, die vermeintlich haarlässig waren. Wir sind daraufhin zum Selbstgerben übergegangen und empfehlen es jedem, schon wegen der gesundheitlichen Vorzüge des Felles.

Selbst Gerben

Die frisch abgezogene Haut haben wir in Wasser gelegt, damit sich das Blut nicht festsetzt. Nun spülen wir sie gründlich aus und hängen sie zum Abtropfen über eine saubere, rostfreie, runde Stange (hinterlässt keine Einschnürungen oder Knicke) im Schatten. Dabei entfernen wir noch anhängende Fleischreste und schneiden eventuell ein Stück des Halses ab. Wenn das Fell vor Hunden und Katzen sicher hängt, lassen wir es dort über Nacht. Am nächsten Tag legen wir es mit der Haarseite auf die saubere Erde und bestreuen die Innenseite gleichmäßig und relativ dick mit Alaun (Kaliumaluminiumsulfat). Auch die Ränder müssen sorgfältig eingesalzen sein.

Dann werden die Seitenteile jeweils zur Mitte geklappt – ohne Falten Haut auf Haut. Die Halspartie und das Hinterteil klappt man ebenfalls zum Zentrum hin, jetzt dürfte keine Haut mehr frei liegen. Zur Not schiebt man die Partien noch etwas zurecht. Das Prinzip ist, dass die Haut nirgendwo austrocknet und die Gerbung an allen Stellen gleich verlaufen kann. Auch an den Rändern dürfen sich keine Falten bilden. Nun schlagen wir die Seitenteile wieder bis zur Mitte ein, dann die kurzen ebenfalls bis zur Mitte und zum Schluss klappen wir alles in der Hälfte übereinander. Übrig bleibt ein kleines Bündel.

Dieses legen wir in einen fliegenfreien, nicht zu warmen Raum. Mehrere Felle können gestapelt werden. Je nach Temperatur lassen wir das Fell vier bis sieben Wochen liegen. Wenn es nicht zu warm war, schauen wir nach fünf Wochen nach, ob das Alaun seine Arbeit getan hat. Dazu falten wir das Fell auseinander und kratzen mit dem Fingernagel an einer trockenen Stelle oder ziehen die Haut am trockenen Rand mit beiden Händen, ob sich in der Unterschicht weißes Leder zeigt. Ist dies der Fall, hängen wir es zum Trocknen ein bis zwei Tage über eine Stange, die

Lederseite nach innen gerichtet. Es darf nun nicht ganz hart werden, den richtigen Zeitpunkt zu bestimmen lehrt, uns die Erfahrung.

Das Alaun wird abgeklopft. Wir legen das Fell auf einen sauberen Tisch und beginnen mit einem stumpfen Messer die Lederseite zu bearbeiten. Wir kratzen und ziehen dabei die obersten Häutchen ab; darunter kommt das weiße Leder zum Vorschein. Diese Arbeit ist etwas mühselig, an hartnäckigen Stellen nehmen wir etwas grobes Sandpapier zu Hilfe und schmirgeln die oberste Schicht ab. Das Schmirgeln mit Hilfe der Bohrmaschine ist abzulehnen, im Nu verfangen sich die Wollhaare darin und es entsteht eine gefährliche Unfallsituation. Außerdem ist es schnell des Guten zu viel und das Leder bekommt Löcher oder Schwachstellen. Um diese zu vermeiden, muss man auch per Hand stets vorsichtig und gefühlvoll arbeiten. Das erste Fell wird vielleicht ein paar Löcher oder Risse bekommen, die sind aber oft durch unvorsichtiges Häuten schon vorprogrammiert. Übrigens: Je intensiver man schmirgelt, desto weicher wird das Leder. Ist das Gerben beendet, beginnt erst die richtige Arbeit, das Kämmen der Wollhaare. Je länger und verklebter die Wolle ist, desto mehr Anstrengung und Geduld sind erforderlich. Als Werkzeug haben sich Hundekämme bewährt, und zwar stabile Ausführungen mit Holzgriff und 21 Zinken im knapp 5 Millimeter Abstand. Wie lange man an einem Fell sitzt, lässt sich schwer sagen, weil das von der Länge und Verschmutzung der Wolle sowie Ausdauer, Hornhaut auf den Händen und Belastbarkeit der Handgelenke abhängt. Das gesamte Fell wird gründlich gekämmt. Dabei werden alle Fasern gelockert, Schmutz und Einfütterung sowie lose Haare entfernt. Oft müssen wir mit aller Kraft den Kamm durch die Wolle ziehen, wobei Schwachstellen in der Lederhaut reißen können. Kennt man die Stellen, arbeitet man dort vorsichtiger. Die Zinken setzen sich auch schnell mit Wollfett zu, was sich, je kühler der Arbeitsraum ist, schlechter entfernen lässt. Zu guter Letzt wird das Fell sauber umsäumt, d. h. zurechtgeschnitten und eventuelle Risse wieder zusammengenäht. Und man wird zugeben müssen, dass sich die Mühe gelohnt hat. Alaungegerbte Felle können bei Bedarf gewaschen werden. Erscheinen sie einem irgendwann zu hart, so raut man die gesamte Lederoberfläche mit grobem Sandpapier wieder auf. Es ist erstaunlich, wie geschmeidig sie hinterher sind.

Zum Gerben eines größeren Felles benötig man bis zu 5 kg Alaun. Es gilt also eine preiswerte Bezugsquelle für größere Mengen Alaun zu finden. Die örtliche Apotheke oder Drogerie kann hierbei behilflich sein. Auf jeden Fall sollten aber Preisvergleiche angestellt werden. Die günstigsten Quellen ermittle ich heute im Internet und lasse mir die gewünschte

Menge Alaun problemlos zuschicken. Im Gegensatz zu den industriellen Gerbverfahren erhält Alaun einem Fell alle natürlichen Eigenschaften. In der Färberei wird es auch gerne zum Beizen von Wolle und Stoffen verwendet, und wegen seiner zusammenziehenden Wirkung setzt man es in der Heilkunde als blutstillendes, antibakterielles Mittel ein.

Mitunter beginnt das Fell zu schimmeln, während es liegt und das Alaun seine Arbeit verrichten soll. Dann ist es zu feucht gesalzen worden. Nachsalzen hält die Schimmelbildung auf. Häufig sitzt der Schimmel nur an der Oberfläche, die nachher abgekratzt wird.

Der Mist

Es ist zwar keine leichte Arbeit, den festgetretenen Mist nach dem Winter aus dem Stall zu holen, doch erhalten wir einen wertvollen, in Garten und Landwirtschaft willkommenen Dünger, der uns keinen Cent kostet. Schafmist ist trocken, besitzt einen sehr hohen Stickstoffgehalt, ist gut mit Phosphor und Kali versorgt, der Kalkgehalt ist ausreichend. Er wärmt, ohne übermäßig zu erhitzen.

Da Mist nie frisch ausgebracht werden soll, legt man sich eine Miststatt an, wo er verkompostieren kann. Das ist ein schattiger Platz mit möglichst festem Untergrund, damit nicht so viele Nährstoffe versickern können und so zur Nitratverseuchung des Grundwassers beitragen. Genügend Raum zum Umsetzen muss ebenfalls vorhanden sein.

Der Mist wird zu einem etwa 1,50 m breiten und 1,20 m hohen Wall mit steilen Seitenwänden aufgeschichtet, um die Oberfläche so klein wie möglich zu halten und dadurch die Gefahr der Austrocknung zu verringern. Jede Lage wird gut festgetreten, um die Auswaschung von Nährstoffen zu erschweren. Nach etwa 40 cm Höhe geben wir eine dünne Erdschicht dazwischen, z. B. aus halb verrottetem Kompost oder aber auch Grabenaushub. Das fördert die Rotte. Dies wird nach weiteren 40 cm Mist wiederholt. Ist der Misthaufen fertig, sollten wir ihn von außen mit Erde, Grassoden, Stroh oder Laub bedecken, um ihn so vor Austrocknung und Auswaschung zu schützen.

Nach vier bis sechs Monaten kann er umgesetzt werden, frühestens nach einem Jahr ist er reif und kann ausgebracht werden. Allerdings nur mit Einschränkungen auf Schafweiden (siehe auch Seite 64), weil Tiere nicht gerne das fressen, was auf ihrem eigenen Mist gewachsen ist. Bei Heuwiesen besteht das Problem nicht.

Die Krankheiten

Allgemeine Ratschläge

Erkennen von Unregelmäßigkeiten

Wer sich für seine Tiere Zeit nimmt und sie täglich beobachtet, dem fällt schnell auf, wenn mit einem Schaf etwas nicht »stimmt«. Nur wenige Krankheiten zeigen sich plötzlich und in einem vorangeschrittenen Stadium. In vielen Fällen ist es möglich, die Krankheit zu heilen, bevor sie ein schwerwiegendes Stadium erreicht hat. Dazu müssen wir kleine Unregelmäßigkeiten frühzeitig erkennen und ihre Ursache suchen. Im Zweifelsfall den Tierarzt zu Rate ziehen und nicht abwarten, wie sich die Unpässlichkeit entwickelt, denn lieber den Arzt einmal umsonst bemühen, als einmal zu wenig.

Erste Krankheitszeichen zeigen sich häufig durch Veränderung im Verhalten, im Ausdruck und in der Körperhaltung. In einem solchen Fall beobachtet man zunächst das Tier aus der Entfernung, damit es durch die menschliche Anwesenheit nicht beunruhigt wird und so ein falsches Bild entsteht. Nachlassende Futteraufnahme ist meist das erste Symptom, deshalb sollte man das Schaf nicht durch Leckerbissen zum Fressen animieren.

Bestätigt sich die Beobachtung, wird das Tier genauer untersucht. Kalte oder heiße Ohren sind Anzeichen für Kreislaufstörungen. Zähneknirschen sowie wiederholtes Hinlegen und Aufstehen sind Zeichen von Schmerzen, Strecken der Beine und Zurückwerfen des Kopfes im Liegen für Krämpfe. Blasse Schleimhäute an den Augen weisen auf Blutarmut, beispielsweise durch starke Verwurmung hin. Durchfall ist die Folge falscher Fütterung oder von starkem Wurmbefall. Laute und regelmäßige Pansengeräusche sind normal, bei Krankheit bleiben sie bald aus. Bei der Untersuchung des Schafes werden alle Körperteile erfasst, einschließlich Euter, Klauen und Wolle (scheiteln).

Wir achten auf die Atmung, messen Puls und Temperatur. Zum Vergleich messen wir auch bei einem gesunden Tier.

- **Fiebermessen:** Die Spitze eines normalen Fieberthermometers wird mit Salbe eingerieben und 2 cm in den After eingeführt, die Thermometerspitze muss vom Schließmuskel umgeben sein. Normaltemperatur: 38,5 bis 39,5 °C, bei Lämmern 40,5 °C.
- **Pulsmessen:** Wir messen an der Innenseite des Oberschenkels. Normal sind 60 bis 80 Schläge/Minute, bei Lämmern etwas mehr. Erre-

gung durch Einfangen, Transport oder Festhalten kann Atmung, Puls und Temperatur erhöhen.
Ist der Puls erhöht, die Temperatur aber normal, können Verdauungsstörungen, Vergiftungen oder die Trächtigkeitskrankheit Gründe dafür sein. Fieber zeigt Infektionskrankheiten und Entzündungen an. Untertemperatur tritt nach Blutverlust, schwerem Durchfall und kurz vor dem Tod ein.

Diese Angaben sollen helfen, Schwere und Art der Erkrankung einzuschätzen. Sie ersetzen nicht den Tierarzt!

Verhüten von Krankheiten und vorbeugende Maßnahmen

Artgerechte Haltung bietet leider auch keinen hundertprozentigen Schutz vor Krankheiten, obwohl Schafe aus Großbetrieben und Intensivhaltung stärker gefährdet sind. Man hat die Gesundheit seiner Tiere weitgehend selbst in der Hand und kann durch artgerechte Haltung viel dazu beitragen, Krankheiten zu vermeiden. Die Krankheiten verlieren so ihre Schrecken.

Zusammenfassend und ergänzend werden die wichtigsten Punkte aufgezählt, die für die Gesundheit der Schafe ausschlaggebend sind:

O Gesundes, abwechslungsreiches Futter

Futterwechsel langsam vornehmen. Zu eiweißreiches Futter (stickstoffüberdüngte Wiese, Kleeweiden, überhöhte Kraftfutter- oder Silagegaben) führt zu Verdauungsstörungen (siehe auch Seite 85) und kann weitere unter Umständen sogar tödliche Erkrankungen auslösen. Stroh, Laub, Heu, Trockenschnitzel gleichen eiweißreiches Futter aus. Schafe morgens nicht hungrig auf tau- oder regennasse Wiesen lassen, das kann zu Aufblähen und Wurmbefall führen. Schimmeliges Futter gehört auf den Müll. Mangelkrankheiten verhütet man zusätzlich durch Anbieten von Salzlecksteinen und Mineralien, eventuell Vitaminen. Aber nur schafgeeignete nehmen!

O Gut belüfteter, aber zugfreier Stall

Husten und Lungenentzündung sind meistens die Folgen von schlechtem Stallklima. Kein Karbolineum für die Stalleinrichtung verwenden!

O Ektoparasiten (äußerliches Ungeziefer)
Öfter die Wolle scheiteln und nach Ungeziefer durchsuchen, eventuell behandeln. Jährlich nach der Schur Stallwände frisch kalken. Vier bis sechs Wochen nach der Schur Schafe gegen äußere Parasiten behandeln.

O Weidewechsel
Er ist unbedingt notwendig, um Verwurmung zu vermeiden. Wiesen sollten regelmäßig gekalkt werden. Gespritzte oder frisch kunstgedüngte sowie durch Umweltgifte (Auto- und Industrieabgase) belastete Weideflächen vergiften die Schafe. Wiesen in Feuchtgebieten bergen zusätzlich die Gefahr von Leberegeln und begünstigen Moderhinke.

O Unfallgefahren
Die Stalleinrichtung muss praktisch und stabil sein, intakte Steckdosen, keine freihängenden Elektrokabel. Stacheldraht kann Verletzungen verursachen, Zäune zu befahrenen Straßen hin unbedingt ausreichend schafsicher machen. Brombeerranken können Schafe, insbesondere Lämmer, wegen der Wolle so einfangen und festhalten, dass die Tiere durch unmögliche Körperlagen, Panik oder Verhungern umkommen.

O Euterkontrolle
wird bei noch säugenden Milchschafen regelmäßig durchgeführt, bei anderen Rassen nur nach der Geburt und bei auffälligem Verhalten. Das Euter darf nicht zu fest und heiß sein, auf Knotenbildung und Verletzungen durch saugende Lämmer achten.

O Klauenpflege
In regelmäßigen Abständen (mindestens zweimal jährlich) werden die Klauen geschnitten und vorsichtig saubergekratzt. Die Hornwand sollte keine Taschen oder Hohlräume bilden.

O Vermeidung von Ansteckungskrankheiten
Zugekaufte Tiere werden gründlich untersucht, entwurmt und am besten erst einmal extra gehalten, auf Hautparasiten achten. Pensions- und Deckgäste ebenfalls kritisch betrachten, bevor sie auf die Weide kommen. Beim Auftreten einer Krankheit die gesamte Herde untersuchen und kranke Tiere gesondert halten. In Zeiten von Maul- und Klauenseuche verbietet sich jeglicher Transport und jeder Kontakt zu fremden Tieren. Genaue Maßnahmen werden öffentlich bekannt gegeben und man sollte sich strikt daran halten! Zur Vermeidung der BSE-ähnlichen Schafkrankheit Scrapie

verzichtet man auf dubiose, schlecht deklarierte Kraftfuttermischungen (siehe auch Seite 87) und bringt keinen Rindermist zum Düngen auf die Weide (siehe Seite 64).

○ Verhütung von Lämmerverlusten
Hochtragende Muttern richtig füttern und keinem Stress aussetzen. Geburtstermine vormerken und aufmerksam sein. Bei einer Geburt ruhig verhalten. Für saubere Einstreu und gute Luft in Stallbodennähe sorgen. Ablammbuchten (Stallgitter) ermöglichen bessere Mutter-Kind-Bindungen. Biestmilchaufnahme ist lebensnotwendig. Flüssignahrung nicht zu kalt geben. Sehr schwachen Lämmern kann man ein geschlagenes Ei mit einem knappen Teelöffel Lebertran auf einen halben Liter Milch in der Flasche geben. Lämmern frühzeitig Heu anbieten.

Wenn man all dies und bestimmt noch einiges mehr stets beachtet, hält man das Risiko einer Erkrankung der Schafe relativ gering. Den Tierarzt werden wir dann nur selten benötigen. Vergessen werden darf nicht, dass es einige Krankheiten gibt, die auch für den Menschen ansteckend sind. Dazu gehören so schwere Krankheiten wie Tuberkulose und Brucellose, die wir aber kaum fürchten müssen, weil sie in unseren Breiten so gut wie ausgerottet sind. Mit einer anderen Krankheit muss man dagegen eher rechnen. Das ist der Lämmergrind, der mitunter hartnäckige Formen annimmt, besonders bei künstlicher Aufzucht. Die Grindstellen dürfen nicht berührt und die Hände müssen nach dem Kontakt mit den erkrankten Tieren desinfiziert werden.

Die Stallapotheke

Zur Grundausstattung benötigen wir nur wenige Sachen, die meisten Medikamente werden bei Bedarf gekauft. Wir brauchen: eine Schere, eine Klauenschere, ein scharfes Messer, einen Eingebestab für Pillen, eine Flasche oder einen Eingebeballon zum Einflößen von Flüssigkeiten, Lämmersauger, ein Fieberthermometer, Einwegtücher, Einweghandschuhe, Desinfektionsmittel für Wunden und unsere Hände, Wurmmittel und anderes nach Bedarf. Heilkräuter finden die gleiche Verwendung wie beim Menschen.

Ein besonders vielseitiges Heilmittel mit leicht antibiotischer Wirkung möchte ich noch empfehlen: Propolis, das Kittharz der Bienen. Manche Imker bereiten daraus Salben, Tinkturen und Sirup. Die Heilwirkung von Propolis ist unumstritten, nur leider wenig bekannt in einem von Chemiekonzernen beherrschten Land. Seiner Wirkung wird es zugesprochen, dass so viele Lebewesen in einem Bienenstock auf engstem Raum zusammenleben können, ohne permanent krank zu sein. Propolistinktur zur Wunddesinfektion, den Sirup statt antibiotikahaltiger Salben für eiternde Wunden nehmen.

Das Verabreichen von Medikamenten

Die genaue Dosierung nach Vorschrift ist wichtig. Über- oder Unterdosierung führen nicht zum erwünschten Erfolg. Ein Mutterschaf wiegt zwischen 60 und 80 kg, Lämmer werden gewogen. Nach der Verabreichung vieler Medikamente ist laut Beipackzettel eine Wartezeit für Milch und/oder Fleisch angegeben. Diese muss auf jeden Fall eingehalten, besser noch verlängert werden, um auch wirklich sicherzugehen.

Pulver vermischt man am besten mit Honig und streicht es auf die Zunge. Im Futter weiß man nicht, ob die gesamte Dosis aufgenommen wurde.

Pillen lassen sich sehr gut mit dem Eingebestab verabreichen. Man klemmt die Pille in den Stab, führt ihn von der Seite her ins Maul, schiebt ihn vorsichtig bis über den Zungenrücken und löst die Pille. So kann sie nicht mehr ausgespuckt werden. Trotzdem beobachten.

Flüssigkeiten sind schwieriger einzugeben, dabei geht häufig etwas daneben. Man nimmt dazu eine Flasche mit nicht zu dickem Hals oder besser einen Eingebeballon. Langsam eingeben, damit geschluckt werden kann und den Kopf nicht zu hoch halten, weil sonst die Flüssigkeit in die Lunge gelangt und zu einer Lungenentzündung führt.

Zur Bekämpfung von Hautparasiten gibt es Bademittel, die man selbst anmischt. Das sind harte chemische Insektenvertilgungsmittel, allerdings gibt es mittlerweile Präparate, die lindanfrei sind. Schafe dürfen sie nicht trinken. Um vollständig zu wirken, muss die Wolle völlig durchtränkt sein! Deshalb empfiehlt sich ein Behandeln nach der Schur oder ein vorzeitiges Scheren. Viele Mittel sind fischgiftig, also nicht in der Nähe von Gewässern anwenden!

Verletzungen

Wunden entstehen z. B. durch Stacheldraht, durch Ritzen an hervorstehenden, rostigen Nägeln beim Scheuern oder durch unvorsichtiges Scheren. Kleine Wunden werden nur desinfiziert, größere u. U. verbunden. Nachkontrollieren, ob sich auch keine Entzündung bildet.

Löcher in der Wiese (Maulwurfshügel, Wühlmausgänge) oder panisches Herdenverhalten, besonders wenn es in den Stall geht, können Fehltritte verursachen, die zu Verstauchungen führen. Humpelt ein Schaf, kontrollieren wir zuerst die Klaue auf eingetretene Fremdkörper, Wunden oder Krankheiten (Moderhinke!). Dann tasten wir die Gelenke und Knochen ab und achten auf Schmerzanzeichen. Auch Euterentzündungen können ein Humpeln auf der schmerzenden Seite verursachen. Tritt bei Verstauchungen nach zwei Tagen keine sichtbare Verbesserung ein, benachrichtigen wir den Tierarzt.

Verletzungen am Euter müssen besonders gründlich behandelt werden, damit es zu keiner ernsthaften Entzündung (Euterentzündung) kommt. Lämmer müssen dann u. U. abgesetzt werden, besonders wenn sie die Verletzung durch Bisse verursacht haben. In diesem Fall muss gründlich und regelmäßig gemolken werden, auch wenn es für das Schaf schmerzhaft ist und die Wunde immer wieder aufbricht. Hände und Wunde werden vorher desinfiziert. Euterfettsalbe macht die Schorfschicht geschmeidiger. Ist ein Melken aufgrund der Verletzung nicht mehr möglich, gibt es beim Tierarzt spezielle Kanülen, die steril in den Milchkanal eingeführt werden und die Milch ablaufen lassen. Wird nicht abgemolken, kann es zu einer Euterentzündung kommen, die auch tödlich enden kann.

Fütterungsbedingte Erkrankungen

Mangelkrankheiten

O Ketose (Trächtigkeitskrankheit)

Am Ende der Trächtigkeit bis einige Wochen nach der Geburt bei fetten Tieren, Mehrlingen und hoher Milchleistung. Anzeichen: Appetitlosigkeit, Pansenstillstand, kein Wiederkäuen, schwankender Gang, Apathie, Festliegen. Typisch: Geruch nach Azeton in Atemluft, Milch und Urin. Ursache: Bei kohlenhydratarmem Futter wird der Energiebedarf aus dem Körperfett gedeckt. Dabei können giftige Stoffe entstehen (Azeton und andere so genannte Ketonkörper). Ohne Behandlung führt die Krankheit zum Tod.

Vorbeuge: Schafe nicht fett werden lassen. Bewegung mindert das Risiko. Ausreichende Fütterung mit bestem Heu. Behandlung: durch den Tierarzt.

O Allgemeine Tipps:

Jede Form von Stress belastet den Stoffwechsel. Vor zu hohen Kraftfuttergaben sei nochmals ausdrücklich gewarnt. Während der Trächtigkeit möglichst kein Kraftfutter, erst zum Ende hin wieder langsam daran gewöhnen. Lecksteine »nur für Schafe« anbieten.

Verdauungsstörungen

O Durchfall

Normaler Schafkot ist trocken und besteht entweder aus kleinen Kötteln oder größeren »Klopsen«. Bei breiigem oder flüssigem Kot liegt eine Störung vor. Ursachen: oft Wurmbefall (siehe innere Parasiten, Seite 166), Fütterungsfehler, selten Vergiftung oder Darminfektion. Oft gibt es beim Frühjahrsaustrieb auf die junge, eiweißreiche Wiese Durchfallprobleme. Raufutter zum Ausgleich anbieten. Futterumstellungen langsam vornehmen. Behandlung: Diät bei magerem Heu, Trockenschnitzel, eventuell Tierkohle. Reichlich Wasser anbieten. Bei anhaltendem Durchfall und Störungen des Allgemeinbefindens: Tierarzt.

O Pansenübersäuerung

Das Schaf verhält sich ungewöhnlich ruhig, keine Pansengeräusche, frisst nicht mehr. Ursache: stärkehaltige Futtermittel in ungewohnter Menge (Kartoffeln, Zuckerrüben, Rübenblatt, Getreide, Brot), ohne dass genügend Raufutter angeboten wurde. Vorbeuge: keine plötzliche Futterumstellung, stets Heu und Stroh anbieten, gelagertes Futter darf für Schafe nicht erreichbar sein. Behandlung: Tierarzt.

O Pansenfäule (Eiweißvergiftung)

Appetitlosigkeit, Apathie, keine Pansenbewegungen, Kot stinkt, wird grau und schmierig. Bei längerer Krankheit kommt es zu Leberschäden. Ursache: zu eiweißreiches Futter, unsaubere Silage, zu viel Erde und Dreck am Futter. Behandlung: unbedingt den Tierarzt kommen lassen.

O Aufblähen

Bauchdecke gespannt, linke Seite (Pansen) stark aufgetrieben, verängstigter Ausdruck. Ursache: zu viel und hastig gefressen (Kohl, Klee, Raps, Kartoffeln, gefrorenes, angewelktes oder stickstoffüberdüngtes Gras), Verschlucken von großen Apfel- oder Rübenstücken. Bei Lämmern: hastiges Trinken. Behandlung: leichte Pansenmassage, Hochstellen der Vorderbeine, Tierarzt.

Vergiftung

Schafe wissen sehr wohl, was ihnen bekommt und was nicht, vorausgesetzt, ihnen steht genug Weide zur Verfügung. Vorsicht bei knapper Wiese und Stallfütterung: zu viel Kohl, Samenschoten von Senf, Rhododendron, Eibe, Adlerfarn und scharfer Hahnenfuß (als Heu ungiftig) können Vergiftungserscheinungen bewirken.

Eine andere weit häufigere Vergiftungsquelle sind die modernen Umweltgifte und landwirtschaftlichen Dünge- und Spritzmittel. Gewarnt sei nochmals ausdrücklich vor gespritzten Flächen, belasteten Straßenrändern, Wiesen bei Industrieanlagen, alten Müllkuhlen und Schuttplätzen sowie Futtermischungen, die nicht ausdrücklich für Schafe sind. Die Kosten für eine Untersuchung im Schadensfall sind erheblich, der Nachweis sehr schwierig zu führen. Auch Schafbademittel oder Stalldesinfektionsmittel sowie Ausdünstungen von Farben und Holzschutzmitteln können Vergiftungserscheinungen hervorrufen.

Die Diagnose von Vergiftungen ist schwierig zu stellen. Die Vermutung liegt nahe bei ungeklärten Krankheitsfällen mit nervösen Störungen, Erblinden, blutigem Durchfall oder Urin. Zu wissen, wo die Schafe weiden und was sie fressen, ist eine Hilfe.

Wollefressen

Bei älteren Schafen: Das Benagen anderer Tiere kann eine Folge von Mineral- und Vitaminmangel sein. Wird die eigene Wolle gefressen, muss nach Hautparasiten geguckt werden, Wolle scheiteln. Genaue Ursache nicht unbedingt feststellbar; Wollefressen ist unschön, aber nicht gefährlich.

Bei frisch abgelammten Muttern: Mineral- und Vitaminmangel, u. U. ist auch die Ablammbuchte zu klein, das Mutterschaf fühlt sich zu bedrängt. Weidegang ermöglichen.

Bei Lämmern: eine spielerische Unart, die für Lämmer tödliche Folgen haben kann. Die Wolle verfilzt im Verdauungstrakt, setzt sich fest und behindert die Nahrungsaufnahme. Euterpartie, eventuell die gesamte Mutter scheren. Bleibt dies ohne Erfolg, muss das betreffende Lamm extra gehalten werden.

Infektionskrankheiten

O Lungenentzündung

Lämmer sind besonders gefährdet. Anzeichen: Husten in verschiedener Form, Atemnot, Fieber, eventuell Schaum vorm Maul, wässriger Nasenausfluss. Ursache vielfältig, u. a. bakteriell, virusbedingt, Fremdkörper in der Lunge, Lungenwürmer, schwere Erkältung. Vorbeuge: trockner, zugfreier, luftiger Stall, Vorsicht beim Eingeben von Medikamenten (Kopf nicht zu hoch halten), pulverisierte Mineralstoffe über Saftfutter geben, damit sie nicht eingeatmet werden. Behandlung: Genaue Diagnose stellt der Tierarzt durch Abhorchen, meist sind Antibiotikagaben erforderlich.

Bakterielle Infektionen

O Tetanus (Wundstarrkrampf)

Wundinfektion, an den Erregern kann auch der Mensch erkranken. Anzeichen: Die Muskeln werden durch Verkrampfung steif, Sägebockstellung, meist tödlich. Ursache: Erreger können im Mist und in der Erde vorkommen.

Vorbeuge: Desinfektion von Wunden und Nabel, Sauberkeit bei Geburt, blutigen Eingriffen, Kastration und Kupieren. Menschen sollten dagegen geimpft sein.

O Tuberkulose/Brucellose

Beide Krankheiten gelten als so gut wie ausgerottet. Weil sie aber auf den Menschen übertragbar sind, sollte man bei Milchschafen eine halbjährliche Untersuchung der Milch vornehmen lassen, um sicherzugehen.

O Moderhinke

Sehr ansteckende Klauenentzündung. Anzeichen: Humpeln, Hinken. Fortgeschrittenes Stadium: Schaf bewegt sich auf Knien vorwärts, Nahrungsaufnahme stark beeinträchtigt. Vorbeuge: mindestens zweimal jährlich Klauenschnitt, sorgfältige Untersuchung humpelnder Schafe, Impfung möglich, nasse Wiesen oder Wege meiden oder trockenlegen. Zugekaufte Tiere und Gäste untersuchen, Klauendesinfektion, am besten 14 Tage Quarantäne, keine Tiere aus Moderhinkebeständen aufnehmen. Ursache: Bakterien, die sich u. U. bis zu zwei Jahren in den Klauen halten und vermehren können, sind die Ansteckungsquelle. Nasse Weiden und Wiesen begünstigen Moderhinke (Haut und Horn aufgeweicht, erleichtert das Eindringen der Keime), rufen sie jedoch nicht hervor. Bakterien sterben nach 14 Tagen im Boden (Wiese, Wege, Stall) ab; sicherheitshalber noch zwei Wochen draufgeben. Erkennen: Infektionsherd an der Klauenspitze überwachsen, Spitze abgerundet. Anfangsstadium: Entzündung der Haut zwischen den Zehen, feucht, haarlos, erst rötlich, später gräulich. Fortgeschritten: Infektion wandert unter das Horn, löst den Hornschuh, übler Geruch, schmierige, faulige Flüssigkeit tritt hervor. Behandlung: Sofort! Gesamte Herde untersuchen, Hufe sauber bürsten, sorgfältig ausschneiden, nach jedem Schaf Werkzeuge und Hände desinfizieren, Hornabfälle sicher vernichten. Gesunde Tiere: Fußbad in 10%iger Formalinlösung 1 min./Tier, auf frische Weide bringen, Stall und alte Wege vermeiden. Kranke Tiere: Alles kranke Horn gründlich wegschneiden, Entzündungsherde freilegen, mit dem Skalpell von innen nach außen ausschneiden und säubern, desinfizieren, große Wunden verbinden, Antibiotikagaben. Schwere Fälle aufstallen, die anderen auf trockner Wiese extra halten, täglich umstecken. Nachbehandlung: nach zwei Tagen Kontrolle, dann wöchentlich Formalinfußbäder (5%ig), bis die Wunden verheilt sind, Impfung unterstützt Heilung.

Es gibt noch eine ganze Anzahl bakterieller Infektionen, die so selten auftreten, dass sie hier nicht weiter aufgeführt werden. Hilfe und genaue Bestimmung ist nur durch den Tierarzt möglich.

Virusbedingte Infektionen

Allgemein gilt, dass bei dem Verdacht einer virusbedingten Infektion sofort der Tierarzt hinzugezogen wird, der die Diagnose und Behandlung vornehmen wird. Vorbeugend können wir versuchen, strikt den Kontakt mit fremden und erkrankten Tieren zu vermeiden, und sollte ein verdächtiges Tier in unserem Bestand sein, so werden wir es unverzüglich von der übrigen Herde isolieren.

Die meisten virusbedingten Infektionen sind selten. Auf eine vollständige Auflistung möchte ich verzichten, da sie nur verwirren würde. Stattdessen beschränke ich mich auf die Erkrankungen, die in den letzten Jahren vermehrt auftraten und für Schlagzeilen gesorgt haben, weil sie sich zum Teil seuchenartig ausgebreitet haben und zu einer Sorge vieler Schafhalter geworden sind.

O Maedi-Visna

Diese Viruserkrankung ist eng verwandt mit dem CAE-Virus bei Ziegen (Caprine Arthritis Enzephalitis) und stellt ein echtes Problem dar, denn man geht davon aus, dass in Deutschland die Hälfte aller Schafherden mit dem Virus infiziert ist. Eine Ansteckung erfolgt bereits mit der Biestmilch auf die neugeborenen Lämmer oder durch Tröpfcheninfektion innerhalb der Herde. Die Inkubationszeit beträgt mindestens zwei Jahre, erst ab dem dritten Jahr zeigen sich Krankheitszeichen. Eine Behandlung ist derzeit nicht möglich.

Der einzige Ausweg aus dieser Misere besteht derzeit nur in dem Bestreben, dass man bei seinen Tieren jährlich eine Blutuntersuchung auf diesen Virus durchführen lässt, als Ansprechpartner gelten das Veterinäramt oder der örtliche Schafzuchtverband. Von erkrankten Tieren sollte man sich umgehend trennen, denn das Ziel der Bestrebungen ist, dass man mit seinen Tieren den Status eines Maedi-Visna-freien Bestandes erlangt. Dazu gehört natürlich, wie so oft in diesem Buch erwähnt, dass man seine Tiere möglichst gar nicht mit den Tieren anderer Schafhalter in Kontakt bringt, und wenn man dennoch Tiere tauschen oder zukaufen will, so sollte das nur aus Haltungen erfolgen, die ebenfalls einen Maedi-Visna-freien Status erlangt haben. Bei Ziegenhaltungen ist die CAE-Erkrankung schon länger bekannt, und die Entwicklungen haben gezeigt, dass ein entsprechend CAE-freier Status erreichbar ist und sich bestens bewährt hat. Gleiche Bestrebungen für Schafe stecken noch in den Kinderschuhen. Die großen Herden in der Wanderschäferei wird man nur schwer Maedi-Visna-frei halten können, für Kleinschafhalter ist der krankheitsfreie Status aber durchaus die Lösung! Je mehr Schafhalter sich konsequent bemühen, den krankheitsfreien Status zu erlangen, desto eher kann die Verbreitung eingedämmt werden. Inzwischen gibt es sogar erste Auktionen, in denen ausschließlich Schafe aus Maedi-Visna-unverdächtigen Beständen angeboten werden.

Immer häufiger werden heute Schafe und Ziegen gemeinsam gehalten. Wegen der nahen Verwandtschaft von CAE und Maedi-Visna versteht es sich, dass man hier beide Gattungen auf die entsprechenden Viren testen muss, um einen virenfreien Status zu erlangen. Die Bluttests sind ab einem Alter von zwölf Monaten durchzuführen, und zwar dreimal im Abstand von je einem halben Jahr, danach abschließend nach einem weiteren Jahr. Zeigen sich ausschließlich negative Befunde, so darf man seinen Bestand als Virus-unverdächtig bezeichnen. Es versteht sich, dass man während dieser langen Anwartzeit keinerlei Kontakt zu anderen Schaf- oder Ziegenbeständen hat, die möglicherweise Virusüberträger sein könnten.

Wer mit einer Schafhaltung beginnen will, dem empfehle ich von vornherein, Tiere nur aus solch einem unverdächtigen Bestand zu kaufen.

Maedi ist das isländische Wort für Atemnot, was auf die Krankheitssymptome hindeutet. Einzelne Tiere bleiben hinter der Herde zurück und wirken träge. Nach Belastung ist die Atmung beschleunigt, gelegentlich tritt trockener Husten auf. Der für andere Lungenerkrankungen typische Nasenausfluss und Fieber bleiben aus. Bei fortschreitender Erkrankung wird die Atemnot immer deutlicher, die Nüstern sind geweitet, die Lunge pumpt. Trotz guter Futteraufnahme magern die Tiere ab und sterben schließlich nach Monaten unter schwerster Atemnot.

Visna ist dieselbe Krankheit, die sich im Gehirn ansiedelt. Diese Form kommt seltener vor. Sie zeigt sich durch eine Schwäche der Hinterbeine, die im Verlauf immer deutlicher wird. Die Schafe schwanken, magern ab, können nur noch mit Mühe aufstehen und sterben Monate später.

CAE und Maedi-Visna bedeuten für die Tiere langes Siechtum und unsägliche Qual. Wir haben die Aufgabe ihnen das zu ersparen, indem wir sie konsequent von allen möglichen Ansteckungsquellen fernhalten!

○ Blauzungenkrankheit

Diese Krankheit ist in den wärmeren Ländern (Afrika, Südasien und Südwesteuropa) weit verbreitet, wurde im Jahr 2000 erstmals im gesamten Mittelmeerraum festgestellt, und kam 2006 auch in Mitteleuropa an. Als Grund der Wanderung wird die allgemeine Klimaerwärmung angegeben.

Die Krankheit wird durch den Biss einer Art von Mücken, den Gnitzen, übertragen, die durch den warmen Sommer 2006 ihren Weg auch in nördliche Regionen gefunden haben und sich durch den feuchten Folgesommer weiter verbreitet haben. Die Häufigkeit der Krankheit wird vermutlich wettermäßig von Jahr zu Jahr anders ausfallen, je nachdem wie sich die Gnitzen vermehren können.

Die Blauzungenkrankheit befällt ausschließlich Wiederkäuer, Schafe sind leider am stärksten betroffen. Eine Ansteckung von Schaf zu Schaf ist nur durch blutsaugende Insekten möglich. Auf Menschen ist die Krankheit nicht übertragbar. Milch, Milchprodukte und Fleisch stellen keine Gefahr dar.

Die Symptome der Blauzungenkrankheit zeigen sich durch Speichel- und Nasenfluss, erhöhte Temperatur, Schläfrigkeit und einer Blaufärbung und Anschwellung der Zunge, was auch die Lippen betreffen kann. Die Erkrankung führt nicht unbedingt zum Tod, mehr als fünfzig Prozent der Schafe haben eine Überlebenschance.

Zur Behandlung ruft man den Tierarzt. An Behandlungsmethoden und Impfstoffen wird derzeit fieberhaft gearbeitet, Ergebnisse werden in absehbarer Zeit verfügbar sein. Zur Drucklegung des Buches wird empfohlen, erkrankte Tiere ausreichend mit Wasser zu versorgen und ihnen eine strukturarme, aber energiereiche Diät zu bieten, wie eingeweichte Trockenschnitzel oder Maissilage, um ihre Überlebenschance zu erhöhen.

Vorbeugend bietet es sich an, dass man seine Tiere vor dem Auftreten einer Gnitzenplage in den betroffenen Gebieten mit Insektiziden badet oder gründlich begießt, die als Kontaktgift wirken und Insekten durch ihren Geruch vertreiben. Verlässlich sind diese Mittel aber nicht, da der Biss einer einzigen infizierten Gnitze ausreicht, um den Erreger zu übertragen. Bedenken muss man auch, dass diese Kontaktgifte ebenso für Nutzinsekten und Fische giftig sind, dass für Milch und Fleisch Wartezeiten einzuhalten sind, und dass die Wolle ebenfalls kontaminiert ist. Allgemein wird in Fachkreisen zusätzlich empfohlen, die Tiere in betroffenen Gebieten am frühen Abend einzustallen und erst spät am Morgen wieder raus zu lassen, denn die Gnitzen sind vorwiegend spät abends und nachts unterwegs.

O MKS (Maul- und Klauenseuche)
Hierbei handelt es sich um eine Seuche, die nicht vereinzelt auftritt, sondern in rasantem Tempo alle Paarhufer einer ganzen Gegend ansteckt. Insofern hört man eher von ihr, als dass sie die eigenen Tiere befällt. Über die Medien werden die verordneten Schutzmaßnahmen verbreitet, die dringend einzuhalten sind. Die Krankheit ist meldepflichtig.

MKS beginnt mit leichten Allgemeinstörungen, wie geringer Futteraufnahme, nachlassender Milchleistung und Trägheit. An den Schleimhäuten im Mund, am Klauensaum und im Klauenspalt bilden sich kleine Bläschen, die leicht übersehen werden. Es gibt keine Behandlung.

Mit den europaweit geltenden Regelungen zur Kennzeichnung und Registrierung von Nutztieren (siehe gesondertes Kapitel, Seite 171) ist erreicht worden, dass beim Auftreten der MKS schneller und effektiver gehandelt werden kann, um die Seuche sofort einzudämmen.

Scrapie (Traberkrankheit)

In Großbritanien ist die Traberkrankheit seit etwa 1730 bekannt und tritt dort bis heute recht häufig auf. In Deutschland ist sie kaum verbreitet. Im Jahr 2002 sind durch die EU Stichprobenuntersuchungen von Schlachtschafen und verendeten Tieren angeordnet worden, um einen Überblick über die Verbreitung zu erhalten. Die Krankheit ist am lebenden Tier selbst im Endstadium nicht mit Sicherheit zu diagnostizieren. Es treten im Spätstadium Störungen der Körperkoordination und beim Laufen auf, die auf eine Erkrankung des Kleinhirns hindeuten. Gelegentlich wird auch ein übermäßiger Hang zum Wassersaufen beobachtet. Bis zum Auftreten der ersten körperlichen Symptome vergehen drei bis vier Jahre, in denen die Tiere äußerlich gesund erscheinen. Die genauen Übertragungswege sind nicht bekannt. Vermutungen besagen, dass die Erkrankung an den Embryo weitergegeben wird. Und es gilt unter Wissenschaftlern als sehr wahrscheinlich, dass eine Übertragung über infiziertes Tiermehl stattfindet. Ein völliger Verzicht auf Kraftfuttermischungen (siehe auch Seite 87), die möglicherweise Tiermehl enthalten können, schließt den Schrecken dieser Krankheit also fast völlig aus! Eine Behandlung erkrankter Tiere ist nicht möglich. Bei nachgewiesener Erkrankung wird die ganze Herde getötet. Bisher konnte eine Übertragung vom Schaf auf den Menschen nicht nachgewiesen werden!

Scrapie ist eng mit dem Rinderwahn BSE verwandt. Ja, es gilt sogar als wahrscheinlich, dass BSE ihren Ursprung in der Scrapie hat: An Scrapie verstorbene Schafe sind wie andere Kadaver zu Tiermehl verarbeitet worden und bis 1994 war der Einsatz dieses Futtermittels auch bei Wiederkäuern üblich und erlaubt. Und so nimmt man an, dass auf diesem Wege der Artensprung des Erregers vom Schaf zum Rind erfolgt ist. Die Erreger sind nämlich äußerst widerstandsfähig und können die Bedingungen während der Tiermehlherstellung durchaus überleben, zumal in der Vergangenheit dabei oft nur eine geringe Wärmebehandlung durchgeführt wurde.

Zum Thema Scrapie und BSE wird weiterhin rege geforscht. Um auf dem neuesten Stand der Dinge zu sein, empfehle ich die aktuellen Nachrichten von den Schafzuchtverbänden oder aus dem Internet abzufragen.

Befall mit Parasiten

○ Magen-Darm-Würmer

Auf den Lebensrhythmus der Würmer und die Folgen für Wiese und Schaf wird ausführlich auf Seite 71 eingegangen. Würmer können bei intensiver Weidenutzung zu einem argen Problem werden. Für Lämmer kann eine starke Verwurmung schnell den Tod bedeuten. Vorbeuge: Häufiger Weidewechsel und zweimal jährlich Wurmkuren. Bitte nicht erst warten, bis die Symptome einer starken Verwurmung sichtbar werden! Kotuntersuchungen geben verlässliche Auskunft über den Grad der Verwurmung unserer Tiere. Über den Tierarzt oder das Veterinäramt erfahren wir, wie man das angehen kann. Mit bloßem Auge sind die meisten Würmer und Eier nicht zu erkennen. Wurmkuren sollten möglichst vor den Trächtigkeiten abgeschlossen sein. Außerdem sind die im Beipackzettel angeführten Wartezeiten für Milch und Fleisch unbedingt einzuhalten, ich neige sogar dazu, sie zu verdoppeln, da ich Medikamentenrückstände in den Nahrungsmitteln möglichst vermeiden will.

○ Lungenwürmer

Anzeichen: Husten, Nasenausfluss, Allgemeinzustand und Wachstum schlecht. Symptome können chronisch werden und zu Lungenentzündung führen. Ursache: Der große Lungenwurm hat einen Zyklus wie die Magen-Darm-Würmer: Mit dem Kot werden Eier ausgeschieden, die sich auf der Wiese zu ansteckenden Larven entwickeln. Der kleine Lungenwurm braucht eine Schnecke als Zwischenwirt, ist sehr häufig, wird aber kaum bemerkt. Behandlung: Wurmmittel, die Lungenwürmer mit einschließen.

○ Bandwürmer

Nur für Lämmer wirklich gefährlich. Anzeichen: langsames Wachstum, aufgetriebener Bauch, deutlich sichtbare weiße Wurmglieder im Kot (bandnudelartig). Behandlung: geeignetes Wurmmittel.

○ Leberegel

Gefürchtet ist der große Leberegel (2 bis 5 cm langer Saugwurm). Lebenszyklus: durchwandert die Leber, setzt sich in den Gallengängen fest und legt dort Eier, die mit dem Kot auf die Wiese gelangen (täglich 20.000).

Daraus entwickeln sich Flimmerlarven, die in Schnecken eindringen, sich dort entwickeln und diese als ansteckungsfähige Larven verlassen. Das Schaf frisst sie mit dem Gras, über den Darm wandern sie in die Leber usw. Von der Ansteckung bis zur Ausscheidung der Eier dauert es etwa drei Monate, erst dann ist der Befall im Kot nachweisbar. Im August ist die Gefahr der Ansteckung am größten, besonders in warmen, feuchten Sommern. Die Larven können in Schnecken überwintern und ein Jahr ansteckungsfähig bleiben. Diese Schnecken benötigen Feuchtigkeit. Gefährdung besteht auf moorigen Wiesen, an Graben- und Teichrändern.

Akute Form (beim Durchwandern der Leber): plötzliche Appetitlosigkeit, Schwäche, Zähneknirschen, kann zum Tod führen, meist im Spätsommer.

Chronische Form (in den Gallengängen eingenistet): Abmagerung, geringe Leistung, Durchfall, blasse Schleimhäute (Anämie). Behandlung: Bei akuter Form schwer möglich. Chronische Form: Kotuntersuchung machen lassen, meist erfolgreich. Beide Fälle Tierarzt. Vorbeuge: Nicht in Feuchtgebieten weiden lassen, Wiesen trockenlegen.

Hautparasiten

Juckreiz und Ausgehen der Wolle sind Hinweise auf Hautparasiten. Kontrolle durch Scheiteln des Vlieses. Bei der Behandlung mit Insektenvernichtungsmitteln oder Kontaktmitteln muss die Wolle vollständig durchtränkt werden, nach 14 Tagen wiederholen (die Parasiten sind geschlüpft). Wartezeiten für Milch großzügig einhalten, für Fleisch sind 14 Tage empfehlenswert. Am einfachsten nach der Schur zu behandeln. Ställe u. U. auch entseuchen.

○ Läuse und Haarlinge

Juckreiz. Übermäßiges Scheuern schädigt Wolle, kann zum Wollefressen führen.

○ Räudemilben
Sie können unterschiedliche Körperteile befallen. Juckreiz, Entzündung der Haut, Haarausfall, nicht immer Borkenbildung. Mittel vom Tierarzt holen. Auf Menschen übertragbar.

○ Schaflausfliegen
Fälschlich oft als Schafzecken bezeichnet. Diese 5 mm großen Tierchen mit sechs kräftigen Beinen sind weit verbreitet. Sie ernähren sich vom Blut der Schafe, dabei können Lämmer und schwache Tiere sehr geschwächt werden, es kann zu Blutarmut führen. Die Bisse verursachen Juckreiz, das Scheuern schädigt die Wolle. Bleiben nicht beim Menschen.

Pilzerkrankungen
Bei Pilzbefall wird die Haut trocken, das Haar stumpf, es kommt zu Schuppenbildung und Haarausfall. Dunkle, feuchte Ställe begünstigen normalerweise diese Erkrankung.

○ Glatzflechte
Runde, verkrustete Hautflächen mit ausgefallener Wolle. Verschwindet bei besseren Stallbedingungen, Weidegang, Sonne. Zur Unterstützung Kieselgurpräparat (Dr. Schaette).

Komplikationen nach der Geburt
Nachgeburtsverhalten und andere Probleme siehe Seite 104. Erwähnt seien noch sichtbare Risse nach einer schweren Geburt. Eine Behandlung ist nicht unbedingt nötig, wenn die Blutung bald nachlässt (helles Blut). Zur Unterstützung der Heilung täglich mit Kamillenlösung abtupfen.

○ Euterentzündung
Gefahr besteht nicht nur nach der Geburt. Die Entzündung wird auch durch verschiedene Erreger verursacht, die über den Strichkanal oder seltener über die Blutbahn ins Euter gelangen. Können diese dort nicht abgewehrt werden, so wird aus der Infektion eine Entzündung. Verletzungen oder grobes bzw. falsches Melken erleichtern den Erregern das Eindringen. Akute Euterentzündung: Euter angeschwollen, ebenso die Lymphdrüsen (hinten oben am Euteransatz), Euter wird heiß und rot, schmerzt. Bei stärkeren Fällen: Appetitlosigkeit, Apathie, Fieber. Milch geht zurück und ist in ihrer Konsistenz oft verändert. Behandlung: Sauber und gründ-

lich ausmelken, Antibiotikagabe durch den Tierarzt. Lange Wartezeit für Milch. Brandige Euterentzündung (sehr gefährliche Form der akuten): Plötzlicher Beginn mit Blaufärbung an der Zitzenbasis, betroffene Euterstellen werden kalt. Das Schaf wirkt krank. Behandlung: Sofort den Tierarzt holen! Die Entzündung entwickelt sich rasch, bei zu später Behandlung stirbt das Schaf bzw. die Euterhälfte.

O Chronische Euterentzündung
Erst im fortgeschrittenen Stadium erkennbar: Knotenbildung, Verhärtung im Eutergewebe, häufige Flockenbildung in der Milch. Behandlung: Tierarzt. Vorbeuge: Lämmer nicht zu früh absetzen, Euterkontrolle nach der Geburt, sofortige Behandlung von Euterverletzungen (vorhandene Lämmer absetzen, desinfizierende Salben), saubere Einstreu, richtiges, sauberes und gründliches Melken, Milch immer zu Beginn über Handfläche oder in dunkle Schale laufen lassen.

Lämmerkrankheiten

Allgemein sind künstlich aufgezogene Lämmer wesentlich stärker krankheitsgefährdet als bei der Mutter saugende. Auf die Notwendigkeiten gesunder Atemluft und guten Stallklimas wurde schon hingewiesen.

O Durchfall
Vorwiegend künstlich aufgezogene Lämmer sind betroffen. Auslösend wirken meistens Fehler beim Geben der Milch. Wichtig: richtige Temperatur, Sauberkeit, nicht mit Wasser verdünnen, nicht zu viel auf einmal geben, kaltes Wasser zusätzlich anbieten. Milchaustauscher im vorgeschriebenen Verhältnis anmischen, frühzeitig festes Futter anbieten. Kommt es trotzdem zum Durchfall, wird die Milch für 24 Stunden abgesetzt. Ausreichend Wasser muss jetzt angeboten werden, weil Durchfall Flüssigkeitsverlust bedeutet. Nach dem Fasten wird langsam mit der halben Milchmenge die Fütterung wieder aufgenommen. Parallel wird der Tierarzt geeignete Medikamente geben. Außerdem sind hellgelbliche oder rötliche Kotfärbung alarmierende Zeichen; Tierarzt holen. Nicht zu viel Kraftfutter geben und Futterumstellungen langsam vornehmen.

O Grind (Lämmergrind, Lippengrind)
Eine häufige und ansteckende Lämmerkrankheit, die vorwiegend und stärker künstlich aufgezogene Lämmer befällt. Der Virus kann auch auf den Menschen übertragen werden! Kranke Stellen nicht berühren, Hände reinigen.

Aus kleinen Bläschen an Lippen und Zahnfleisch entstehen dicke Krusten, die nach etwa zwei Wochen abfallen und dabei offene Wunden hinterlassen, die sich wiederum entzünden können. Diese Borken können sich auch oberhalb der Klauen bilden und außerdem Veränderungen an der Mundschleimhaut und Zunge bewirken, sodass die Nahrungsaufnahme problematisch wird. Es besteht Gefahr der Übertragung auf das Euter der Mutter. Schafe und Lämmer, die bereits an Grind erkrankt waren, sind immun. Die Behandlung richtet sich gegen die Wundinfektion, am praktischsten ist ein Desinfektionsspray. Auf genügend Nahrungsaufnahme der Lämmer achten.

O Lämmerrotz

Siehe Lungenentzündung (Seite 160). Ursache ist in vielen Fällen schlechte Stallbodenluft.

Bestimmungen zur Kennzeichnung von Ziegen und Schafen

Als Reaktion auf neue Krankheiten hat der Gesetzgeber umfangreiche Regelungen zur Kennzeichnung und Registrierung von Nutzieren erlassen, die nun europaweit gültig sind. Ziel ist es, die Herkunft der Tiere besser zurückverfolgen zu können, um eventuell auftretende Seuchen schneller einzudämmen, als das in der Vergangenheit möglich war. Denken wir an die Verbreitung von BSE oder das Auftreten der Maul- und Klauenseuche im Jahr 2001, so sehen wir auch die Bilder vor Augen, wie eine ungeheure Anzahl von Tieren vorbeugend getötet wurde aus der ohnmächtigen Angst heraus, dass diese Seuchen sich weiter verbreiten können. Mit der Meldung und Registrierung unserer Schafe ist natürlich ein enormer bürokratischer Aufwand verbunden, aber ich möchte trotzdem für diese Maßnahmen werben, denn durch die Rückverfolgung auf mögliche Infektionsherde lässt sich hoffentlich die überzogene Keulung von riesigen Tierbeständen reduzieren, wie wir sie in der Vergangenheit erlebt haben. Die Registrierung von Schafen soll auch der Überwachung der BSE verwandten Scrapie (siehe Seite 165) dienen, was ebenfalls Sinn macht, um die Erforschung dieser Gattung der Gehirnerkrankungen (Transmissible Spongiforme Encephalopathien TSE) voranzubringen.

Die aktuelle Kennzeichnungs- und Meldepflicht betrifft alle Schafhalter:

- Landwirte und Schäfereien,
- Landwirte, die nur wenige Schafe halten,
- Besitzer von Schafen, die im Rahmen von Landschaftspflegeprogrammen gehalten werden,
- Hobbylandwirte und Hobbyschafhalter.
- Für Händler von Schafen, Transporteuren und Schlachtbetrieben gelten gesonderte Regeln.

Wir sollten davon ausgehen, dass alle älteren Tiere bereits gemeldet und mit mindestens einer Ohrmarke versehen sind. Sollte das nicht der Fall sein, so ist dies unverzüglich nachzuholen.

Anlaufstelle für die Meldung von Schafen ist das zuständige Veterinäramt. Mit Fragen und Unklarheiten kann man sich auch an die Schafzuchtverbände der einzelnen Bundesländer wenden.

Mit der Meldung erhält man eine individuelle Nummer, mit der die Tiere zu kennzeichnen sind. Als besonderer Stichtag gilt der 9. Juli 2005. Alle Schafe, die nach diesem Datum geboren wurden, sind innerhalb von neun Monaten, spätestens aber wenn sie den Geburtsort verlassen, mit dieser Nummer zu versehen, und zwar wie folgt: Zuchtschafe erhalten eine Ohrmarke mit der Registriernummer und zusätzlich eine zweite Ohrmarke mit identischem Aufdruck, oder alternativ als zweite Kennzeichnung eine Ohrtätowierung. Für Schafe kleinwüchsiger Rassen darf eine kleinere Ohrmarke verwendet werden. Für Lämmer, die innerhalb eines Jahres geschlachtet werden sollen, gelten vereinfachte Vorschriften. Schafe, die vor dem 9. Juli 2005 geboren und markiert wurden, behalten die Markierung nach den damals gültigen Vorschriften.

Dies ist nur ein grober Überblick zur Kennzeichnung von Schafen mit Stand vom Juli 2007. Einzelheiten, Sonderregelungen und mögliche Änderungen kann man bei den Zuchtverbänden oder dem Veterinäramt erfragen. Unter den Suchworten »Viehverkehrsverordnung« oder »ViehverkV« lassen sich im Internet die nationalen Bestimmungen finden. Ab 2008 ist es geplant, Zuchtschafe elektronisch zu kennzeichnen, man kommt also nicht umhin, die aktuellen Entwicklungen zu verfolgen.

Neben der Kennzeichnung ist ein Schafhalter auch zur Führung eines Bestandregisters verpflichtet, in dem Registriernummer, Name und Anschrift des Halters, Produktionsrichtung (Fleisch oder Milch), Anzahl der gehaltenen Tiere, eventuelle Änderung von Kennzeichen, Zugänge und Abgänge von Tieren (Geburt, Kauf, Tod, Verkauf), alles jeweils mit Datum, eingetragen werden müssen. Wechselt ein Schaf den Besitzer, so ist ein vom Halter unterschriebenes Begleitdokument auszustellen. Bei jedem Halterwechsel sind auch Angaben zum Transporteur und seinem Fahrzeug zu machen. Ein Papierkrieg scheinbar ohne Ende. Aber diese lückenlose Transparenz ist sicher notwendig, um im Falle ansteckender Seuchen möglichst schnell und effektiv handeln zu können, damit vorbeugende Massenkeulungen wie beim Ausbruch der Maul- und Klauenseuche von 2001 nicht wiederholt werden müssen.

Annette Arnold und René Reibetanz

Annette Arnold und René Reibetanz haben bereits in den 70er-Jahren die Notwendigkeit eines Lebens mit der Natur erkannt, und ein Ergebnis ihrer Erfahrungen liegt mit diesem überarbeiteten Buch zur artgerechten Schafhaltung vor, das erstmals 1987 erschien und über die Jahre nicht nur in Fachkreisen der biologischen Landwirtschaft hoch gelobt wurde. Von ihnen ist auch das Buch zur artgerechten Ziegenhaltung *Alles für die Ziege* (pala-verlag) erschienen; darüber hinaus haben sie Bücher zu den Themen Schafwolle und ihre Verarbeitung, Basteln mit Bienenwachs, Obstweinbereitung, Wissenswertes rings ums Fahrrad und zum Stichwort Ökologie der Seele geschrieben. Seit mehr als 25 Jahren sind sie ein gutes Team und leben von Schafen umgeben in Irland.

Wichtige Adressen

Internetseiten

www.schaf-foren.de

www.shropshireschafe-ev.de

Schafzuchtverbände

Deutschland

Vereinigung Deutscher Landesschafzuchtverbände e.V. (VDL)
Haus der Land- und Ernährungswirtschaft
Claire-Waldoff-Str. 7
10117 Berlin
www.schafe-sind-toll.de
(über diese Homepage findet man auch Informationen zu den Landesverbänden, bei denen keine eigene Internetseite angegeben ist)

Landes-Schafzuchtverband Weser-Ems e.V.
Mars-la-Tour-Str. 6
26121 Oldenburg
www.schafzuchtverband-weser-ems.de

Hessischer Verband für Schafzucht und -haltung e.V.
Kölnische Str. 48 – 50
34117 Kassel
www.schafe-hessen.de

Landesschafzuchtverband Baden-Württemberg e.V.
Heinrich-Baumann-Str. 1 – 3
70190 Stuttgart
www.schaf-bw.de

Landesschafzuchtverband Mecklenburg-Vorpommern e.V.
Zarchliner Str. 7
19395 Karow

Landesschafzuchtverband Sachsen-Anhalt e.V.
Angerstr. 6
06118 Halle

Landesverband Bayerischer Schafhalter e.V.
Haydnstr. 11
80336 München
www.derbayerischeschafhalter.de

Landesverband der Schaf- und Ziegenhalter im Saarland e.V.
Lessingstr. 14
66121 Saarbrücken

Landesverband der Schafhalter Rheinland-Pfalz e.V.
Burgenlandstr. 7
55543 Bad Kreuznach

Landesverband Schleswig-Holsteinischer Schafzüchter e.V.
Steenbeker Weg 151
24106 Kiel
www.schafzucht-kiel.de

Landesverband Thüringer Schafzüchter e.V.
Am Johannishof 3
99085 Erfurt
www.thueringer-schafzucht.de

Sächsischer Schaf- und Ziegenzuchtverband e.V.
Torgauer Str. 116
04347 Leipzig
www.sszv.de

Schafzuchtverband Berlin-Brandenburg e.V.
Neue Chaussee 6
14550 Groß Kreuz
www.schafzuchtverband-berlin-brandenburg.de

**Schafzuchtverband Nordrhein-Westfalen e.V.
Schafzüchtervereinigung Nordrhein-Westfalen e.V.**
Bleichstr. 41
33102 Paderborn
www.schafzucht-nrw.de

Landesschafzuchtverband Niedersachsen e.V.
Johannssenstr. 10
30159 Hannover
www.schafzucht-niedersachsen.de

Zuchtverband für Ostpreußische Skudden und Rauhwollige Pommersche Landschafe e.V.
Dorfstr. 28
47574 Goch-Nierswalde
www.schafzuchtverband.de

Arbeitsgemeinschaft der deutschen Fuchsschafzüchter e.V.
Josef-Schraffel-Str. 23
6020 Innsbruck / Österreich
www.agfuchsschaf.de

Vereinigung Deutscher Rhönschafzüchter
Kleebachstr. 16
35428 Langgöns-Dornholzhausen
www.rhoenschafzuechter.de

Gesellschaft zur Erhaltung alter und gefährdeter Haustierrassen e.V.
Am Eschbornrasen 11
37213 Witzenhausen
www.g-e-h.de

Stader Schafzuchtverband e.V.
Stader Str. 4
27404 Heeslingen
www.stader-schafzuchtverband.de

Verband Lüneburger Heidschnuckenzüchter e.V.
Wilhelm-Seedorf-Str. 3
29525 Uelzen
www.heidschnucken-verband.de

Österreich

Österreichischer Bundesverband für Schafe und Ziegen
Dresdner Str. 89/19
1200 Wien
www.oebsz.at

Tiroler Schafzuchtverband
Brixner Str. 1
6020 Innsbruck
www.berschafetirol.com

Niederösterreichischer Landeszuchtverband für Schafe und Ziegen
Linzerstr. 76
3100 St. Pölten
www.schafundziege.at

Landesverband für Schafzucht und -haltung in Oberösterreich
Auf der Gugl 3
4021 Linz
www.schafe-ooe.at

Steirischer Schafzuchtverband
Pichlmayergasse 18
8700 Leoben
www.schafe-stmk.at

Schafzuchtverein Wetterstein-Ehrwald
Hauptstr. 60
6632 Ehrwald
www.bergschafe.at

Salzburger Landesverband für Schafe und Ziegen
Schwarzstr. 19
5024 Salzburg
www.schafe.co.at

Schaf- und Ziegenzuchtverband Burgenland
Esterhazystr. 15
7000 Eisenstadt
www.alpinetgheep.at

Schaf- und Ziegenzuchtverband Kärnten
Museumsgasse 5
9020 Klagenfurt
www.alpinetgheep.at

Verein der Kärntner Brillenschafzüchter Alpen-Adria
Sponheimer Platz 1
9170 Ferlach
www.brillenschafe.at

Landesschafzuchtverband Vorarlberg
Platz 391
6952 Hittisau
www.alpinetgheep.at

Schweiz

Schweizerischer Schafzuchtverband
Industriestr. 9
3362 Niederönz
www.caprovis.ch

Schweizerischer Engadinerschaf-Zuchtverein
Rietstr. 17
9016 St. Gallen
www.engadinerschaf.ch

Schweizer Zuchtverband des Braunköpfigen Fleischschafes
Eichmatt/Bernstr. 45
3113 Rubigen
www.bfs-zuchtverband.ch

Die Schweizerische Vereinigung Schwarzbraunes Bergschaf
Tränkibachstraße
8627 Grüningen
www.sbs-bnp.ch

Zeitschrift

Schafzucht. Das Magazin für Schaf- und Ziegenhalter
Wollgrasweg 41
70599 Stuttgart
www.deutsche-schafzucht.de

Käsereibedarf

Rolf Rockmann
Postfach 750816
28728 Bremen
www.rockmann.de

Bunte Kuh
Hinterdorfstr. 18
36154 Hosenfeld-Hainzell
www.kaesereibedarf.de

Fa. Selbermachen
Schubertstr. 1
75365 Calw-Altburg
www.selbermachen.de

Helmut Rink GmbH
Wangenerstr. 18
88279 Amtzell
www.rink-gmbh.de

Hildegard Glück
Munderfing 44
5222 Munderfing
Österreich
www.kaesereibedarf.co.at

Bichsel Käsereibedarf
3506 Großhöchstetten
Schweiz
www.bichsel-ag.ch

Wollverwertung

Wollaktion
In den Dorfwiesen 10
71720 Oberstenfeld-Gronau
www.wollaktion.de

Arzneien und Pflegemittel auf biologischer Basis

Dr. Schaette AG
Stahlstr. 5
88339 Bad Waldsee
www.schaette.de

Propolisprodukte

Propolis-Versand
R. Sönksen
Schillerstr. 43
25813 Husum
www.propolis-versand.de

Imkerei Werner Hohmann
Mühlstr. 3
63667 Nidda
www.hohmann.de

Index